谨以此书献给我的博士生导师

——河海大学陈文教授

边界节点法及其应用

王福章 林 继 著

科学出版社

北京

内 容 简 介

本书对无网格法包括区域型无网格法和边界型无网格法的发展进行了较为全面的综述, 系统地介绍了对边界节点法的基本理论和相关应用, 包含近年来国内外和作者的研究历史和最新研究成果. 对边界节点法的几种实现方式 (包括配点格式、移动最小二乘格式、Galerkin 格式和变分格式) 进行了推导和总结, 对边界节点法中的若干关键技术问题进行了研究. 以声学等问题为背景, 系统地总结了边界节点法的基本原理、程序实现方法及其典型应用, 包括高频率声波问题、Cauchy 反问题、源项反演问题、非线性问题、薄板小挠度弯曲问题、薄板自由振动问题、超薄涂层热传导问题等应用.

本书可供高等学校和科研院所力学、机械工程、航空航天、计算数学及相关领域的科研人员、研究生、本科高年级学生参考, 也可作为相关专业研究生课程的教材.

图书在版编目 (CIP) 数据

边界节点法及其应用/王福章, 林继著. —北京: 科学出版社, 2018. 5
ISBN 978-7-03-057167-0

I. ①边⋯ Ⅱ. ①王⋯ ②林⋯ Ⅲ. ①计算力学 Ⅳ. ①O302

中国版本图书馆 CIP 数据核字 (2018) 第 076322 号

责任编辑: 李　欣 / 责任校对: 彭珍珍
责任印制: 张　伟 / 封面设计: 陈　敬

科学出版社 出版
北京东黄城根北街 16 号
邮政编码: 100717
http://www.sciencep.com

北京九州迅驰传媒文化有限公司 印刷
科学出版社发行　各地新华书店经销

＊

2018 年 5 月第 一 版　开本: 720×1000　1/16
2019 年 1 月第二次印刷　印张: 11
字数: 222 000
定价: 78.00 元
(如有印装质量问题, 我社负责调换)

前　　言

众所周知，在科学技术领域内，对于实际问题可以通过数学建模得到它们应遵循的基本方程（常微分方程或偏微分方程）和相应的定解条件. 非常遗憾的是，只有极少数在理想状态下且几何形状相当规则的情况下得到的方程能用解析方法求出精确解. 对于大多数问题，则不能得到解析的答案. 因此许多学者和专家多年来寻找和发展了一种求解途径和方法解决这类问题——数值解法. 特别是随着电子计算机的飞速发展和广泛应用，数值计算方法已成为求解科学技术问题的主要工具.

有限差分法(FDM)、有限元法(FEM)、有限体积法(FVM)和边界元法(BEM)是目前最流行的几种数值方法. 有限差分法将求解域划分为差分网格，用有限个网格节点代替连续的求解域. 有限元法的基本求解思想是把计算域划分为有限个互不重叠的单元，在每个单元内，选择一些合适的节点作为求解函数的插值点，将微分方程中的变量改写成由各变量或其导数的节点值与所选用的插值函数组成的线性表达式，借助于变分原理或加权余量法，将微分方程离散求解. 有限体积法的基本思路是将计算区域划分为一系列不重复的控制体积，并使每个网格点周围有一个控制体积；将待解的微分方程对每一个控制体积积分，得出一组离散方程. 边界元法是继有限元法之后发展起来的一种数值方法，它以定义在边界上的边界积分方程为控制方程，通过对边界分元插值离散，化为代数方程组求解. 这些数值方法对许多问题已研制出通用成熟的计算机程序及相应的软件，在许多工程领域都有广泛的应用.

2005 年 9 月我进入辽宁师范大学攻读硕士研究生，导师周德亮老师的主要研究方向就是径向基函数方法及其应用，由于对数值计算方面的研究非常感兴趣，因此我的硕士论文选题选取了基于径向基函数的无网格法研究. 通过查阅大量资料，我对传统的数值方法和无网格法有了非常多的了解. 无网格法具有精度高、无须网格划分、便于实施等突出优点，有很强的解题灵活性，因此吸引我对该类方法的学习和研究，此后与“无网格法”结缘至今. 2008 年我考入河海大学，师从陈文教授，陈文老师在无网格法领域的独特见解让我对无网格法，尤其是边界配点型无网格法有了进一步的认识. 在攻读博士研究生期间和工作以后, 围绕边界配点型无网格法继续做了一些理论和应用研究.

边界节点法是陈文老师于 2000 年提出来的一种边界配点型无网格法, 其应用和研究已经有十几年的历史, 已经被广泛用于数值模拟自由声场条件下的线性问题、非线性问题和反问题等. 本书内容主要取自作者攻读博士研究生以来的研究成果, 其中有些内容尚未公开发表. 作者认为边界型无网格法将在一个相当长的时间内与传统的数值方法并存, 各有所长, 相互补充. 没有任何方法在所有问题上都是最好的.

可以预计, 随着现代力学、计算数学和计算机技术等学科的发展, 无网格法作为一个具有理论基础和广泛应用效力的数值分析工具, 必将在国民经济建设和科学技术发展中发挥更大的作用, 其自身亦将得到进一步的发展和完善.

本书由王福章撰写, 林继负责全书的修改工作. 十多年来, 在无网格法研究过程中, 得到了许多老师、朋友的帮助, 在此致以衷心的感谢. 本书获淮北师范大学学术著作出版基金资助. 本书的部分研究工作得到国家自然科学基金青年基金 (No. 11702083)、安徽省高校自然科学研究项目（重点项目）(No. KJ2016A631)、淮北师范大学博士科研启动基金的支持, 特此致谢!

由于作者水平和时间所限, 书中不妥之处在所难免, 敬请广大读者批评指正.

作 者

2017 年 10 月于淮北

目　　录

第1章 绪 论

本章首先简要介绍了区域型无网格法和边界型无网格法的研究历史及最新进展, 其次介绍了一类典型的边界型无网格法——边界节点法的研究历史和最新进展.

1.1 引 言

有限单元法作为解决科学和工程问题最有效的数值方法之一备受关注. 有限单元法的基本思想是将连续的求解区域离散为一组有限个, 且按一定方式相互联结在一起的单元组合体, 以求解连续体力学问题的数值方法. 由于单元能按不同的联结方式进行组合, 且单元本身又可以有不同形状, 所以可以模型化几何形状较为复杂的求解域[1].

有限单元法作为数值分析方法的另一个重要特点是利用在每一个单元内假设的近似函数来分片地表示全求解域上待求的未知场函数. 单元内的近似函数通常由未知场函数或及其导数在单元的各个节点的数值和其插值函数来表达. 因此, 一个问题的有限元分析中, 未知场函数或及其导数在各个节点上的数值就成为新的未知量(即自由度), 从而使一个连续的无限自由度问题变成离散的有限自由度问题. 一经求解出这些未知量, 就可以通过插值函数计算出各个单元内场函数的近似值, 从而得到这个求解域上的近似解. 显然, 随着单元数目的增加, 即单元尺寸的缩小, 或者随着单元自由度的增加以及插值函数精度的提高, 解的近似程度将不断改进. 如果单元是满足收敛要求的, 近似解最后将收敛于精确解.

值得注意的是, 由于需要对全域进行离散, 所以有限元法的前期处理工作量较大、未知数较多、成果整理工作量大, 导致计算量十分庞大. 此外, 美国著名力学家 Ted Belytschko[2]在 1996 年曾指出: "……it might be mentioned that even with powerful mesh generators, three-dimensional meshing is still an extremely burdensome task……", 即有限元对于三维空间的网格生成是一个非常繁重的工作, 这也是有限元法的另一不足之处.

由于需要对问题的界面进行描述, 边界元法显然是更为合适的一种数值方法[3]. 其基本原理是将力学中的微分方程的定解问题化为边界积分方程的定解问题, 再通过

边界的离散化与待定函数的分片插值求解的数值方法. 边界元法的优点在于:

(1) 它只需要对计算域的边界进行网格划分, 可以使计算问题的维数降低一个维数;

(2) 由于边界元法所用的解满足无限远处的边界条件, 所以可以非常方便地用于处理无限域和半无限域问题;

(3) 边界元法的求解精度比有限元法高.

尽管如此, 边界元法面临几个不足之处: (超)奇异性; 边界元法形成的线性方程组的系数矩阵是满阵, 所以在处理大规模问题时遇到了困难, 解题的规模受到限制; 边界元在处理弹塑性问题或大的有限变形问题时, 由于需要对物体进行体积离散, 边界元降维的优点消失. 山东理工大学张耀明教授等最近已经对边界层效应问题做了较大的改进[4,5], 台湾海洋大学 J. T. Chen 教授[6]以及中国科学院余德浩教授[7]等对(超)奇异性进行了较多的研究. 值得注意的是, 边界元法需要对每一个子域都建立一个单独的边界积分方程来表达, 这些方程通过界面条件集合为积分方程组, 待求的未知量同时出现在界面上. 计算量复杂的奇异积分引起的离散代数方程的矩阵一般为稠密满阵, 因而边界元的计算量仍十分庞大[8-10].

1.2　无　网　格　法

为了克服传统数值方法网格划分所带来的局限性, 国际上许多著名的学者三十多年来提出了多种无网格法, 相关的文献综述可以参见美国西北大学 Ted Belytschko 等著名学者的著述[11-17]. 分别对应于有限元法和边界元法, 我们可以将这些无网格法大致分为两类: 区域型无网格法和边界型无网格法[18]. 下面主要简单介绍一下无网格法以及部分无网格法在声波问题发展中的应用.

1.3　区域型无网格法的研究现状

相对于有限元法, 区域型无网格法的特点: 首先在于离散方式的不同, 它是用一系列的点而非单元来近似表示求解域; 其次计算点上的值由函数逼近而非插值得到. 有限元法和区域型无网格法的区别可以用图 1.1 来形象地说明. 由于区域型无网格法可以彻底或部分地消除网格, 不需要网格的初始划分和重构, 不仅可以保证计算的精度, 而且可以减小计算的难度. 因此它在高速碰撞、裂纹动态扩展、流固耦合以及金属加工成型过程中的超大变形问题等方面具有广阔的应用前景, 成为当前计算物理与计算力学的研究热点之一.

无网格法可以追溯到 1977 年 Lucy 和 Gingold 等提出的光滑质点流体动力学法 (SPH)[19-21], 最初被广泛应用于流体力学及计算物理中, 之后逐渐扩展到许多其他领域[22-26].

随后, 许多国内外学者提出了几十种不同形式的无网格法. 例如:

(1) 1990 年, 美国艾姆伯里–利德尔航空学院 Kansa[27]首次将径向基函数 (Radial Basis Function, RBF)引入配点法中研究流体动力学问题. 其特点是将待求函数用一元函数来近似:

$$u(X) \approx u_N(X) = \sum_{i=1}^{N} a_i \phi_i(X)$$

其中 $\phi_i(X)$ 为径向基函数, 未知系数 a_i 通过使近似函数 $u_N(X)$ 强制满足 N 个节点建立的 N 个方程组得以确定. 因此径向基函数具有插值性质, 可直接施加边界条件. 关于径向基函数理论方面的研究及其应用可以参见德国吉森大学 Martin D. Buhmann[28]在 2004 年出版的 *Radial Basis Functions: Theory and Implementations* 和香港浸会大学 Leevan Ling 在加拿大西蒙菲沙大学的博士学位论文[29]及其中的参考文献.

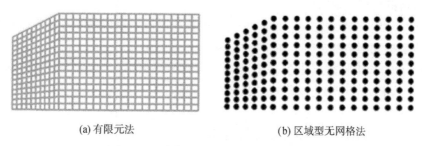

(a) 有限元法　　　　　　　　(b) 区域型无网格法

图 1.1　(a)有限元法和(b)区域型无网格法

(2) 法国学者 Nayroles 等[30]于 1992 年提出扩散单元法(Diffuse Element Method, DEM), 将移动最小二乘法用于 Galerkin 方法分析 Poisson 方程和弹性问题.

(3) 1994 年 Ted Belytschko 等[31] 对扩散单元法进行了改进, 提出了无网格 Galerkin 法 (Element Free Galerkin, EFG), 并由 Lacroix 和 Bouillard[32]用其数值模拟了声波传播问题.

(4) 1995 年美国西北大学 W. K. Liu 等[33] 基于再生核思想及小波概念提出重构核质点法 (Reproducing Kernel Particle Method, RKPM), 并将该方法应用于弹塑性和动力学问题中. Braun 和 Sambridge[34] 在 *Nature* 上发表了自然单元法 (Natural Element Method, NEM), 其后由 Sukumar 等学者[35]对该方法做了深入的研究. 1997 年 Uras 等[36]基于多尺度分解将其用于数值模拟 Helmholtz (亥姆霍兹)控制方程声波问题.

(5) Liszka 等[37] 于 1996 年提出了 hp 无网格云团法(hp meshless clounds method). 美国计算数学学者 Babuska 和 Melenk[38]提出了单位分解有限元法(Partition of Unity Finite Element Method, PUFEM), 随后 Gamallo 和 Astley[39]将该方法扩展到低频率声波传播问题的求解.

(6) 1998 年美国得克萨斯大学奥斯汀分校著名学者 Duarte 和 Oden[40]提出基于云团概念的 Hp 云团法(H-p clouds Method, HPCM). 同年, Belytschko 和 Krongauz 等[41]对无单元法的完备性进行了初步研究. 加利福尼亚大学著名国际力学专家 Satya N. Atluri 等[42,43] 提出了局部彼得洛夫–伽辽金无网格 (Meshless Local Petrov-Galerkin, MLPG) 法和局部边界积分方程 (LBIE) 法. 其后, 中国科学技术大学陈海波等[44]将其拓展到求解高波数声波传播问题.

(7) 1999 年 Wendland[45]将径向基函数引入 Galerkin 法中建立相应的无网格形式(Element Free Galerkin Method, EFGM). 庞作会、葛修润等[46,47]1999 年改进和推广了无网格 Galerkin 方法, 将该法用于边坡开挖问题. 寇晓东等[48,49]对无网格法基本理论和无单元法实现追踪开裂的方法进行了深入的研究, 提出了一种拱坝三维开裂分析的近似数值方法.

(8) 刘欣、朱德懋[50]于 2001 年对无网格法进行了较为深入的研究, 对边界奇异性半解析无网格法进行了初步探讨, 提出了流行覆盖思想的无网格法.

(9) 2002 年陈文提出了基于径向基函数的修正 Kansa 法(Modified Kansa's Method, MKM)[51], 该方法形成的系数矩阵对称, 有效改善了径向基函数配点法在边界上的精度.

(10) 张雄等[52]于 2003 年以加权残量法为主线进行研究, 提出了紧支试函数加权残量法及最小二乘配点法. 程玉民、陈美娟[53]提出了以带权的正交函数作为基函数的边界无单元法——改进的移动最小二乘逼近法. 刘学文等[54]提出了配点型点插值加权残值法. 张建辉、邓安福[55]首次应用 EFM 计算分析筏板基础和弹性地基板, 取得了较好的成果.

此外, 关于无网格法的专著有:

(1) 美国加利福尼亚大学著名学者 A. N. Altluri[56] 于 2002 年出版的 *The Meshless Local Petro-Galerkin (MLPG) Method*, 对局部无网格 Galerkin 法及其应用做了全面的讲解.

(2) 新加坡国立大学 G. R. Liu[57-59]分别于 2002 年、2003 年和 2005 年出版的 *Mesh Free Methods: Moving Beyond the Finite Element Method, Smoothed Particle Hydrodynamics —— a Meshfree Particle Method* 和 *An Introduction to Meshfree*

Methods and Their Programming, 系统地介绍了现有各种无网格法的基本理论及程序设计.

(3) 清华大学张雄[60]于 2004 年出版了国内第一本专著《无网格方法》, 以紧支函数加权残量法为主线, 系统地论述了目前现有的各种无网格法的基本原理以及它们之间的区别与联系, 建立了一些新型有效的无网格法.

(4) 2004 年美国加利福尼亚大学伯克利分校 S. F. Li 和美国西北大学 Wing Kam Liu[61]出版的 *Meshfree Particle Methods*, 系统地阐述了光滑粒子流体动力学、无网格 Galerkin 法和重构核质点法等.

(5) 西北工业大学刘更[62]也于 2005 年出版了《无网格法及其应用》, 介绍了无网格法的产生、发展及研究动态, 阐述了无网格法的近似函数、权函数及有关问题的处理等基本知识.

(6) 2006 年华盛顿大学 Y. P. Chen 等[63]出版了 *Meshless Methods in Solid Mechanics* 一书, 对比论述了有限元法和无网格法的特点, 并总结分析了无网格法在固体力学中的应用.

(7) 2011 年刘欣[64]编写的《无网格方法》对无网格法的发展进行了比较全面详细的综述, 并归纳论述了无网格法中常用的几种散点插值技术方法(移动最小二乘法、核积分法、径向基函数方法等), 以及无网格法的几种主要实现方式(Galcrhn 积分法和配点法等)的原理, 这些都是无网格法的基础. 然后, 对几种主流的无网格法进行了研究表述, 包括"hp 云团法"、单位分解法、有限点法、径向基函数等, 涉及固体力学、流体力学、油藏模拟、期权定价等方程的求解, 以及对高梯度问题的自适应分析计算求解. 最后论述了近年来流体–结构相互作用的无网格法研究的最新进展.

(8) 2012 年秦荣[65]编著的《样条无网格法》主要介绍固体力学、结构力学、智能结构力学、计算力学、工程技术科学及相关交叉学科的样条无网格法及其应用, 内容包括基本概念、样条函数、样条有限点法、样条加权残数法、样条边界元法、样条无网格法及其在工程线弹性分析、非线性分析、动力分析、稳定性分析、极限承载能力分析、可靠性分析、智能结构分析、电磁场分析及相关交叉学科中的应用.

(9) 2012 年李树忱和王兆清[66]编著的《高精度无网格重心插值配点法: 算法、程序及工程应用》论述了基于重心型插值的高精度无网格配点法的基本算法和计算程序; 详细讨论了常微分方程组边值问题和初值问题、积分方程和积分–微分方程、二维椭圆型偏微分方程边值问题、波动方程和热传导方程的重心插值配点法计算公式和程序; 论述了不规则区域上重心插值配点法的具体算法; 给出了重心插值配点法在结构变形、屈曲和振动分析方面的算法和程序；通过大量算例说明重心插值配点法的有效性和计算精度.

(10) 2013 年赵国群和王卫东[67]编著的《金属塑性成型过程无网格数值模拟方法》详细介绍了无网格法的理论基础、无网格法基本理论与关键技术、金属塑性成形基本理论、二维金属塑性成形无网格 Galerkin 方法、三维金属塑性成形无网格 Galerkin 方法、金属塑性成形过程无网格 Galerkin 数值模拟实例等.

(11) 2013 年 W. Chen 等[68]编著的 *Recent Advances in Radial Basis Function Collocation Methods* 概述了基于径向基函数配点型无网格法的最新进展, 着重介绍了几类新的径向基核函数及数值模拟偏微分方程的数值格式.

(12) 2014 年由蔡星会、许鹏、姬国勋[69]编著的《磁流体无网格方法及应用》以加权残量法为基础, 以管道中磁流体流动为应用背景, 系统介绍了典型无网格法, 主要包括无网格局部径向基函数法、局部 Petrov-Galerkin 法、无网格 Galerkin 法、无网格径向基点插值法及无网格配点法等在磁流体流动中的应用, 进行了大量数值仿真实验, 分析了影响算法精度的典型参数, 并对部分无网格算法进行了改进.

(13) 2014 年龙述尧[70]编著的《无网格方法及其在固体力学中的应用》围绕无网格法理论及其应用展开, 介绍了无网格法的类型、特点以及研究进展；介绍了弹性力学问题、薄板和中厚板问题的基本方程以及建立系统方程的基本原理；阐述了无网格法形函数的构造, 包括光滑粒子水动力学法、再生核粒子法、移动最小二乘法、点插值法以及自然邻接点插值法的原理和构造方法；研究了无网格全域 Galerkin 方法及其在弹塑性、几何非线性问题以及连续体结构拓扑优化设计中的应用；研究了无网格局部边界积分方程方法及其在弹性力学和薄板弯曲问题中的应用；研究了无网格局部 Petrov-Galerkin 方法及其在弹性力学、断裂力学、超弹性材料接触问题、薄板和中厚板问题中的应用；研究了无网格自然邻接点局部 Petrov-Galerkin 方法及其在弹性力学、中厚板问题以及连续体结构拓扑优化设计中的应用.

(14) 2014 年陈文、傅卓佳、魏星[71]编著的《科学与工程计算中的径向基函数方法》系统地介绍了科学与工程计算中径向基函数方法的基本理论和相关应用, 包含径向基函数的物理背景及其研究现状和科学与工程应用；各类径向基函数及核径向基函数；径向基函数在散乱数据处理中的应用；常见的几类区域型径向基函数方法, 并通过数值算例检验这些算法；求解齐次微分方程的几类边界型径向基函数方法；边界型径向基函数离散方法处理非齐次微分方程的几种技术；给出径向基函数方法在各向异性、非定常、非线性等偏微分方程问题中的应用；大规模径向基函数方法快速求解技术.

(15) 2015 年上海大学程玉民[72]编写的《无网格方法》（上、下）阐述了无网格法的研究进展及存在的问题、无网格法的逼近函数、改进的无单元 Galerkin 方法、插值型无单元 Galerkin 方法、边界无单元法和无网格法的数学理论、复变量无单元 Galerkin 方法、基于变分原理的复变量无网格法、改进的复变量无单元 Galerkin 方法和复变量重构核粒子法等.

区域型无网格法的不足之处首先是对模拟问题的物理区域内部数据的需求，而对于很多实际工程问题，物理区域内部的数据很难得到. 另一方面，有些区域型无网格法需要背景网格[73,74]，并不是真正意义上的无网格法.

1.4　边界型无网格法的研究现状

对应于边界元方法[75-77]，边界型无网格法的基本思想是仅用物理区域边界上的一系列点来近似表示求解域，因此在分析涉及高频波问题中具有很大的优势. 这些方法在计算不带源项的齐次问题时，由于只需要用一系列离散的边界节点来表示模型，所以对于复杂二维、三维结构其建模也较有限元和边界元模型更为简单，减少了计算量. 边界元法和边界型无网格法的离散格式如图 1.2 所示. 近年来广泛研究的边界型无网格法包括：

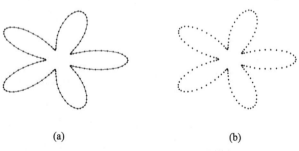

(a) (b)

图 1.2　(a)边界元法和(b)边界型无网格法

(1) 基本解法(Method of Fundamental Solutions, MFS)，该方法是对应于边界元法发展起来的. 最早由 Kupradze[78]和 Aleksidze[79]于 20 世纪 60 年代提出，然而直到 20 世纪 70 年代，基本解法才作为一种计算方法由 Mathon 和 Johnston[80]提出来. 随后 M. A. Golberg[81]和 C. S. Chen 教授[82]将其扩展到非齐次方程和时域问题. 1992 年美国肯塔基大学 Kondapalli 教授等[83]将基本解法推广到三维无限弹性介质中的弹性波问题. 该方法可以看作径向基函数的一种特殊格式. 关于该方法的详细介绍可以参见科罗拉多矿业大学 Graeme Fairweather 教授和塞浦路斯大学 Andreas Karageorghis 教授[84]1998 年对基本解法的综述, 2007 年在塞浦路斯召开的基本解法会议论文集[85]及其中的参考文献, 2011 年关于基本解法在反问题中应用的综述[86,87].

(2) W. Chen 和 M. Tanaka[88]于 2000 年基于非奇异一般解提出了边界节点法 (Boundary Knot Method, BKM), 并将其用于求解 Helmholtz 问题. 2005 年, B. T. Jin 和 Y. Zheng[89]用边界节点法求解了齐次和非齐次 Cauchy 问题, 并基于测地距将其扩展到数值模拟各向异性问题[90]; X. P. Chen 等[91]用对称边界节点法研究了薄板振动问题, 该方法同样可以看作径向基函数的一种特殊格式, 该方法的详细综述在 1.4 节给出.

(3) 美国康奈尔大学 Mukherjee 等[92-96]基于移动最小二乘法和边界积分方程于 1997 年提出边界节点法(Boundary Node Method, BNM), 其中边界积分使用了类似于无网格 Galerkin 中的背景单元. 2002 年, 湖南大学张见明和清华大学姚振汉教授等[97-99]基于一种杂交位移泛函提出了一种新的变分格式——杂交边界节点法 (Hybrid Boundary Node Method, HBNM), 该方法使用了类似于局部无网格 Galerkin 法中的局部格式, 从而避免了背景单元. 华中科技大学苗雨等[100]结合移动最小二乘近似和一种修正泛函, 将杂交边界节点法用于求解 Helmholtz 问题.

(4) 2005 年台湾大学 D. L. Young 等[101]基于双层势理论提出了一种奇异无网格法(Singular Meshless Method, SMM), 利用去奇异(Desingularization)技术来修正核函数的奇异性和超奇异性计算插值矩阵中的对角元素, 随后又将该方法用于处理声学外问题[102]. 该方法的不足是计算精度不高且需要在物理边界上等间距布点, 难于处理复杂几何区域问题[103].

(5) 2010 年本书作者及河海大学陈文[104]提出了奇异边界法 (Singular Boundary Method), 该方法直接使用基本解做为插值基函数, 且源点和配点为同一组物理边界上的离散点, 是一种真正的无网格边界离散方法. 奇异边界法的核心是通过反插值技术, 计算源点强度因子, 即插值矩阵的对角线元素. 而非对角线元素可以使用基本解直接求得[105].

其他相对研究较少的边界型无网格法有: 边界配点法[106,107] (Boundary Collocation Method)、边界配线法[108](Boundary Contour Method)、边界云团法[109](Boundary Cloud Method)、边界面法[110] (Boundary Face Method)、修正基本解法[111](Modified Method of Fundamental Solutions)等.

上述边界型无网格法中, 基本解法是目前国际上备受关注的一种方法, 该方法在文献中也称为去奇异点法、电荷模拟法、叠加法、通用积分法和波叠加法等. 它避免了边界元方法中的奇异数值积分问题, 一定程度上消除了边界层效应, 具有数学原理简单、编程容易、维数无关和高精度等优点, 且比边界元法的数值收敛速度快, 是一种真正意义上的无网格法. 这些优点吸引了许多国际力学和数学学者近年来的深入研究[112-121]. 在基本解方法中, 微分方程边值问题的近似解 $\tilde{u}(x)$ 由基本解的线性组合得到

$$\tilde{u}(x) = \sum_{j=1}^{n_s} a_j u^*(x - y_j)$$

其中 $u^*(x - y_j)$ 为控制方程的基本解, x 为配点, 位于问题区域边界(或者部分位于问题区域内部), $\{y_j\}_{j=1}^N$ 称为源点, 位于问题区域之外一个虚边界上, n_s 为源点总数目, $\{a_j\}$ 则为待定系数.

对于二维平面区域和三维空间区域, 常见的椭圆型偏微分算子的基本解见表 1.1, 其中 $r = \|x\|_2$ 表示欧几里得范数(Euclidean Norm), Y_m 和 K_m 分别是 m 阶第二类贝塞尔(Bessel)和变形的贝塞尔函数, $i = \sqrt{-1}$ 为虚数单位. 值得指出的是, 基本解并不唯一. 如 Helmholtz 算子的基本解也可取为 Hankel 函数.

表 1.1　常见微分算子的基本解

算子	二维	三维
Δ	$-\dfrac{1}{2\pi}\ln r$	$\dfrac{1}{4\pi r}$
$\Delta + \lambda^2$	$\dfrac{1}{2\pi}Y_0(\lambda r)$	$\dfrac{e^{i\lambda r}}{4\pi r}$
$\Delta - \lambda^2$	$\dfrac{1}{2\pi}K_0(\lambda r)$	$\dfrac{e^{-\lambda r}}{4\pi r}$
Δ^2	$-\dfrac{1}{2\pi}\ln r - \dfrac{1}{8\pi}r^2\ln r$	
$(\Delta - \lambda^2)^2$	$\dfrac{r}{4\pi\lambda}K_1(\lambda r)$	
$\Delta(\Delta - \lambda^2)$	$-\dfrac{1}{2\pi\lambda^2}(K_0(\lambda r) + \ln r)$	

基本解法的主要不足之处是为了避免基本解在源点与配点重合时的原点奇异性, 在物理边界外引入虚假边界用于配置源点(图 1.3). 研究表明, 不合理的虚假边界的选取会严重影响基本解法的求解精度和稳定性[122]. 对于二维平面半径为 r 的圆形区域并且虚假边界为半径 $R > r$ 的圆域时, 日本学者 M. Katsurada 和 H. Okamoto 证明了求解误差的指数收敛性, 即

$$\sup_{P\in\Omega} |u(P) - u_N(P)| = O((r/R)^N)$$

其中, N 为边界配点总数, Ω 为问题所在区域. 由于虚假边界选取的随意性, 导致其在求解复杂几何区域问题时的选取较为困难, 所以基本解法多用于计算常规几何形状问题[123].

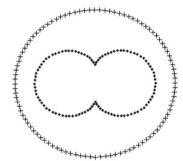

图 1.3   基本解法中的源点 "·" 和配点 "+" 分布示意图

1.5   边界节点法的研究现状

为了克服基本解方法的缺点(虚假边界的选取), Chen 和 Tanaka 提出了边界节点法[87,124], 即使用控制微分方程的非奇异一般解替代基本解, 在克服基本解方法这个显著缺点的同时保留该方法的其他优点. 由于边界节点法所用的一般解没有奇异性, 因此源点和配点可以同时取在物理边界上, 并且完全克服了边界层效应, 对区域边界上求解精度没有影响. 边界节点法计算二维和三维几何复杂域上的各类物理问题的精度和稳定性很高. 然而在计算非齐次力学问题时, 边界型无网格法采用双向互易技术(Dual Reciprocity Method)来求解特解(非齐次解). 该技术需要在计算域内布置离散节点, 以提高计算精度和稳定性. 这些内部节点的布置有相当大的任意性, 需要使用者有一定的问题背景经验和算法知识, 这就增加了计算成本和难度. 另一方面, 声波问题的可观测数据往往在边界上容易得到, 因而纯粹的边界型方法(不需要内部计算节点)有很大优越性. 为了彻底避免在计算中使用域内节点, 陈文[125]将多重互易技术与基本解方法和边界节点法结合, 提出了边界粒子法, 进一步对非齐次问题做了系统的研究. 该方法克服了奇异积分和网格生成、避免了基本解方法的虚假边界, 是一个真正的边界型无网格法.

需要指出的是, 边界节点法特别适用于声波问题的求解, 具有非常高的计算精度以及较好的收敛性[126]. 对于 Helmholtz 方程控制声波问题, 非奇异一般解为

$$w_n(r) = \left(\frac{\lambda}{2\pi r}\right)^{n/2-1} J_{n/2-1}(\lambda r) \quad (n \geq 2)$$

其中 λ, $J(\cdot)$, n 分别为波数、第一类贝塞尔函数、待求问题的维数. 该方法的不足之处在于需预先得出求解问题控制方程的非奇异一般解.

边界节点法的应用和研究已经有十几年的历史了, 已经被广泛用于数值模拟自由声场条件下的线性问题[127]、非线性问题[128]和反问题等[117]. 相关的学术论文和报告主要集中于算法和工程应用两个方面.

(1) Chen 和 He[129]利用基于点的径向基函数将边界节点法拓展到求解非线性对流扩散问题. Chen 和 Tanaka[124]用对偶互惠法结合边界节点法用于求解非齐次控制方程边值问题. 针对边界节点法在求解混合边界条件边值问题时插值矩阵的非对称性, Chen 提出了对称边界节点法[130]. 随后, Hon 和 Chen[131]研究了复杂几何区域下的 Helmholtz 和对流扩散问题, 并将边界节点法推广到三维问题.

(2) Chen 和 Hon[126]通过求解齐次 Helmholtz 问题, 修正 Helmholtz 问题和对流扩散问题, 从数值方面系统地研究了边界节点法的收敛性质. 由于 Laplace 方程没有非奇异一般解, Chen 等[132]利用高阶非奇异一般解将边界节点法推广到 Poisson 方程问题.

(3) Jin 和 Yao[89,133]将边界节点法用于求解齐次和非齐次 Helmholtz 控制方程反问题, 用基于 L 曲线参数的截断奇异值分解正则化方法反问题求解过程中的病态插值矩阵. Zhang 和 Tan[134]将区域分解法引入边界节点法的求解过程, 在一定程度上缓解了插值矩阵的病态性, 提高了求解精度.

(4) Jin 和 Chen[90]基于测地距离用边界节点法求解了各向异性的 Helmholtz 问题和对流扩散问题.

(5) 邓晓峰[135]用边界节点法初步拓展到半无限流体域、无界流体域以及理想浅海波导中声辐射的数值计算问题. Shi 等[136]将边界节点法用于求解简支自由振动板, 通过与有限元法比较, 数值证明了边界节点法的可行性.

(6) Canelas 和 Sensale[137]推导了用于简谐弹性和黏弹性问题(Harmonic Elasticity and Viscoelasticity Problems)的 Trefftz 径向基函数, 用边界节点法进行求解. 讨论了 Trefftz 径向基函数的完备性并给出了圆环非完备性的形式证明.

(7) 本书作者及合作者通过数值结果表明了边界节点法用较少的边界点数(55 个边界点)就可以达到有限元法多次网格划分(每条边 1024 个点)的精度(平均误差 10^{-3})[138]. 针对声波源项反问题建立数学模型并对其进行数值模拟, 结合对偶互易法(Dual Reciprocity Method, DRM)提出一种普遍适用的数值方法——对偶边界节点法、数值模拟源项反问题[117].

(8) 由于数值模型的病态性与给定的边界节点信息(节点数量和节点分布)、边界条件数据、问题的物理区域有关, 传统的条件数不适合用于刻画非自由声场数值模型的病态性, Wang 等[139]将有效条件数与边界节点法结合, 证明了有效条件数是反映数值模型病态型的一个有效的工具, 也可作为刻画边界节点法求解精度的一个度量标准.

(9) 相对于低频率声场问题而言, 高频率声场问题涉及边界节点数目增加的问题. 由于边界节点法数值模拟过程中生成系数矩阵是满阵, 因此随着边界点数目的增加, 解的收敛性会产生振荡现象. Wang 等[140]将正则化方法与边界节点法结合, 证明了 Tikhonov 正则化方法和阻尼奇异值分解正则化方法[141]在广义交叉检验参数下保证了数值模拟精度, 同时可以有效地克服解的收敛振荡现象.

(10) Dehghan 和 Salehi[142]针对 Eikonal 方程的求解, Zheng 和 Ma[143]针对非线性问题, 利用类似方程法将非线性微分算子替换成等价的线性微分算子, 然后用边界节点法进行求解.

(11) Fu 等[144]推导了非线性功能梯度材料中热传导方程的非奇异一般解, 基于 Kirchhoff 变换和变量替换, 用边界节点法求解了热传导问题.

(12) 本书作者及合作者[145]将自适应算法结合边界节点法研究了边界源点、配点的最优选取以及配置问题.

第2章 声传播理论和边界节点法

由于边界节点法处理声学问题具有非常好的效果, 本章内容围绕声传播理论介绍边界节点法的配点格式, 同时给出非齐次问题的数值模拟方法, 针对不同的声波波数(高频率), 通过与有限元法的数值模拟结果进行比较研究. 最后给出边界节点法的另外几种格式.

2.1 引 言

在声学中考虑声波传播问题时, 通常把介质看作连续介质, 即所考虑的任意小的空间长度都远大于分子之间的距离, "体元"的意思是在宏观上是小的、在微观上是大的体积. 因此, 介质的状态可以由宏观的热力学规律来描写. 在形变前, 分子的布局是适应于物体的热平衡状态的, 同时各部分之间彼此处于力学平衡. 如果介质某一部分发生了形变, 则在形变中, 分子的布局受到改变, 从而破坏平衡状态, 将出现促使物体恢复平衡状态的力, 而在介质这一部分所发生的形变与应力, 由于连续性的制约, 就将引起与其毗邻的介质的形变与应力的发生, 从而将机械扰动传播到介质的各部分, 构成弹性波(声波)在弹性介质中的传播.

2.2 边界节点法

2.2.1 Helmholtz 方程控制声场定解问题

在声学基础中, 经常把介质看成均匀的, 声速 c_0 和密度 ρ_0 是介质的常数量. 例如, 在海水中, 声速随空间和时间变化, 密度也是空间坐标的函数. 在忽略海水黏滞性和热传导的条件下, 可以用欧拉方程描述声波波动过程:

$$\frac{du}{dt} + \frac{1}{\rho}\nabla p = 0 \tag{2-1}$$

其中 ∇ 为微分算子. 在小振幅波动情况下, 忽略 $\frac{du}{dt}$ 中的二阶小量 $(\nabla \cdot u)u$ 得

$$\frac{du}{dt} = \frac{\partial u}{\partial t} + (\nabla \cdot u)u \approx \frac{\partial u}{\partial t} \tag{2-2}$$

于是, 运动方程(2-1)简化成小振幅下的形式

$$\frac{\partial u}{\partial t} + \frac{1}{\rho}\nabla p = 0 \tag{2-3}$$

根据质量守恒定律, 小振幅波满足的连续性方程为

$$\frac{\partial p}{\partial t} + \rho\nabla \cdot u = 0 \tag{2-4}$$

由于声振动过程近似为等熵过程, 其状态方程为

$$dP = c^2 d\rho \tag{2-5}$$

或者写作

$$\frac{\partial p}{\partial t} + \rho\nabla \cdot u = 0 \tag{2-6}$$

其中

$$c^2 = \left(\frac{\partial P}{\partial \rho}\right)_s = \left(\frac{\partial p}{\partial \rho}\right)_s \tag{2-7}$$

当 c 和 ρ 不随时间改变时, 联立式(2-3), (2-4)和(2-6), 消去振速 u 后可得

$$\nabla^2\rho - \frac{1}{c^2}\frac{\partial^2 p}{\partial t^2} - \frac{1}{\rho}\nabla\rho \cdot \nabla p = 0 \tag{2-8}$$

上式比声学基础中导出的波动方程多了第三项, 这是由 ρ 是空间坐标函数而引入的. 如果引入新的变量 ψ, 且令 $\psi = \frac{p}{\sqrt{\rho}}$ 得

$$\nabla^2\psi - \frac{1}{c^2}\frac{\partial^2\psi}{\partial t^2} + \left[\frac{\nabla^2\rho}{2\rho} - \frac{3(\nabla\rho)^2}{4\rho^2}\right]\psi = 0 \tag{2-9}$$

对于简谐波(Simple Harmonic Wave), 取时间因子 e^{-iwt}, 则有 $\frac{\partial^2}{\partial t^2} = w^2$. 式(2-9)可写为 Helmholtz 方程

$$\nabla^2\psi + K^2(X)\psi = 0 \tag{2-10}$$

式中

$$K^2(X) = k^2 + \frac{\nabla^2\rho}{2\rho} - \frac{3(\nabla\rho)^2}{4\rho^2} \tag{2-11}$$

式(2-10)是不均匀介质的波动方程. 式(2-11)中的 $K(X)$ 和 $k = w/c$ 都是所考虑区域坐标点 X 的函数, 它们与 c 和 ρ 的空间不均匀性有关. 在海水中, 密度变化很小,

与声速相比较可以把 ρ 近似当作常数, 则 $K(X)=k=w/c(X)$, 于是

$$\nabla^2\psi + k^2(X)\psi = 0 \tag{2-12}$$

由于 $p=\sqrt{\rho}\cdot\psi$, ρ 是常数, 声压 p 也满足上述方程

$$\nabla^2 p + k^2(X)p = 0 \tag{2-13}$$

如果介质中另有外力作用, 譬如有声源的情况, 这时运动方程(2-3)中要添上外力作用项, 变成

$$\frac{\partial u}{\partial t} + \frac{1}{\rho}\nabla p = \frac{F}{\rho} \tag{2-14}$$

其中 F 为作用于介质单位体元的外力. 类似上述推导可得

$$\nabla^2\psi + K^2(X)\psi = \frac{\nabla\cdot F}{\sqrt{\rho}} \tag{2-15}$$

在密度等于常数时, 有

$$\nabla^2 p + k^2(X)p = \frac{\nabla\cdot F}{\sqrt{\rho}} \tag{2-16}$$

或者

$$\nabla^2 p + k^2(X)p = \nabla\cdot F \tag{2-17}$$

上式为存在声源时, 声场满足的非齐次 Helmholtz 方程.

　　对上述方程实行积分所得到的解仍然是不确定的. 因此, 对于唯一确定的物理过程而言, 必须给出定解条件. 对于由二阶偏微分方程所描述的波动过程, 除了初始条件外, 还需给出边界条件——沿某一边界 Γ 上, 波函数及其法向导数在任意时刻上的分布. 然而对于简谐过程(稳态), 不需要初始条件, 且边界条件与时间也无关.

　　下面, 我们列出几类常见的边界条件以及辐射条件:

　　(1) Dirichlet 边界, 即在边界 Γ 上的第一类边界条件(Dirichlet Boundary Condition)

$$p\,|_{\Gamma} = f_1(\Gamma) \tag{2-18}$$

其中 $f_1(\Gamma)$ 为给定压力分布.

　　(2) Neumann 边界, 即边界 Γ 上的第二类边界条件(Neumann Boundary Condition)

$$\frac{\partial p}{\partial n}\bigg|_{\Gamma} = u_n\,|_{\Gamma} = f_2(\Gamma) \tag{2-19}$$

其中 $f_2(\Gamma)$ 为给定边界上的振速分布.

(3) 混合边界, 给出压力与振速在界面上的线性关系

$$(ap + u_n)|_{\Gamma} = f_3(\Gamma) \tag{2-20}$$

称为第三类边界条件. 当 $f_3(\Gamma) = 0$ 时, 称为阻抗边界条件.

$$Z = -\frac{p}{u_n} \tag{2-21}$$

即声压 p 和振速法向分量 u_n 之比等于表面阻抗 Z.

(4) 辐射条件是指波动方程的解在无穷远处所必须满足的定解条件, 如果在无穷远处没有规定定解条件, 则波动方程的解将不是唯一的. 当无穷远处没有生源存在时, 声场在无穷远处应该具有扩散波的性质, 这就给出了无穷远处的定解条件——辐射条件(Sommerfeld Radiation Condition). 简谐平面波的辐射条件可以写作

$$\frac{\partial \psi_+}{\partial x} + jk\psi_+ = 0 \tag{2-22}$$

$$\frac{\partial \psi_-}{\partial x} + jk\psi_- = 0 \tag{2-23}$$

ψ_+ 为沿 x 轴正向传播的正向波, ψ_- 为沿 x 轴负向传播的反向波.

除了上述定解条件, 还有初始条件. 但当只需要求远离初始时刻的稳态解时, 可以不考虑初始时刻的状态, 构成没有初始条件的定解问题.

在实际声学中所碰到的声源, 多是都有一定需要的方向特性的声源. 其所发出的声信号, 也是具有一定特殊波形的脉冲信号. 为了分析方便, 本章中主要讨论点声源发射简谐波的情况, 即如下二维 Helmholtz 方程控制声场定解问题

$$\nabla^2 u(x,y) + \lambda^2 u(x,y) = 0, \quad (x,y) \in \Omega \tag{2-24}$$

$$u(x,y) = \bar{u}(x,y), \quad (x,y) \in \Gamma_D \tag{2-25}$$

$$\frac{\partial u(x,y)}{\partial n} = \bar{q}(x,y), \quad (x,y) \in \Gamma_N \tag{2-26}$$

其中 ∇ 为 Laplace 调和算子, $\bar{u}(x,y)$ 和 $\bar{q}(x,y)$ 为已知边界条件, Ω 表示空间 R^d 中的物理区域, $d = 2$ 表示二维平面维数, $\partial\Omega = \Gamma_D + \Gamma_N \nabla^2 = \Delta$ 为区域边界, 波数 $\lambda = w/c$, w, c 和 n 分别为所考虑介质中的声速、激励频率和单位法向量.

　　显然，只要知道不同频率单频声波的传播情况，利用 Fourier 积分即可求得具有不同频谱成分的脉冲波传播情况.

2.2.2　边界节点法的基本原理

　　边界节点法是一种边界型无网格法，仅仅需要边界节点信息就能数值模拟待求问题. 类似于边界元法与基本解法，该方法适用于具有非奇异一般解的微分方程，并且该方法具有与基本解法相同的优点，尤其适用于求解 Helmholtz 方程控制声场定解问题.

　　边界节点法的基本格式与其他边界型无网格法的格式相似. 然而边界节点法中使用的一般解没有奇异性，因此避免了基本解法中要求在物理区域之外构造虚边界的问题，源点和配点可以同时放置在物理边界上. 其近似解 $u_N(x,y)$ 可以表示为非奇异一般解的线性组合的形式

$$u(X) \approx u_N(X) = \sum_{j=1}^{N} a_j \phi(X, Y_j), \quad X \in \Omega \tag{2-27}$$

其中 Y_j 为放置在边界上的源点，a_j 为待求未知系数，N 为总源点数. $\phi(X, Y_j)$ 为控制方程的非奇异一般解，$\mathbf{R}^d$ 中 Helmholtz 算子 $\nabla^2 + \lambda^2$ 的非奇异一般解为

$$\phi(X, Y) = \left(\frac{\pi \mu}{2r} \right)^{d/2-1} J_{d/2-1}(\mu r), \quad d \geqslant 2 \tag{2-28}$$

特别地，对二维问题

$$\phi(X, Y) = J_0(\mu r), \quad x \in \mathbf{R}^2 \tag{2-29}$$

对三维问题则为

$$\phi(X, Y) = \frac{\sin(\mu r)}{r}, \quad x \in \mathbf{R}^3 \tag{2-30}$$

　　$\mathbf{R}^d$ 中修正 Helmholtz 算子 $\nabla^2 - \lambda^2$ 的非奇异一般解为

$$\phi(X, Y) = \left(\frac{\pi \mu}{2r} \right)^{d/2-1} I_{d/2-1}(\mu r), \quad d \geqslant 2 \tag{2-31}$$

　　特别地，对二维问题

$$\phi(X, Y) = I_0(\mu r), \quad x \in \mathbf{R}^2 \tag{2-32}$$

对三维问题则为

$$\phi(X, Y) = \frac{\sinh(\mu r)}{r}, \quad x \in \mathbf{R}^3 \tag{2-33}$$

式中 $r = \|X - Y\|_2$ 为两点间的欧几里得距离，$\sinh(\cdot)$ 为双曲正弦函数. J_m 和 I_m 分别为 m 阶第一类贝塞尔函数和变形的贝塞尔函数. 第一类贝塞尔函数作为径向基函数的性质由美国科罗拉多大学 Bent Fornberg 等[146]作了研究. 包括如下结论.

定理 2.1　若 $\phi(r) \in C[0, \infty)$，$\phi(0) > 0$，并且对某个 $\rho > 0$ 成立 $\phi(\rho) < 0$，则 $\phi(r)$ 作为径向基函数所得插值矩阵保持非奇异的最大空间维数有上限 d.

根据该定理振荡径向基函数对所有维数的空间不都是正定的，这与常见的径向基函数，如 Multiquadrics 和薄板样条形成鲜明的对比. 但是插值矩阵在空间维数小于 d 时却是非奇异的.

定理 2.2　径向基函数 $\phi(r) = u^*(r)$ 在 d 维空间中是正定的.

这个定理说明使用贝塞尔函数为径向基函数作函数插值所得到的线性方程组唯一可解.

二维问题中对微分算子 $D\Delta + v\nabla - k$ 控制方程的非奇异一般解为

$$\phi(X, Y) = \frac{1}{2\pi} e^{-vr/(2D)} I_0(\mu r), \quad x \in \mathbf{R}^2 \tag{2-34}$$

对三维问题则为

$$\phi(X, Y) = \frac{\sinh(\mu r)}{r} e^{-vr/(2D)}, \quad x \in \mathbf{R}^3 \tag{2-35}$$

其中 D 为扩散率，r 为反应系数，v 为速度向量.

对(2-27)求法向导数得

$$q_N(X) = \frac{\partial u_N(X)}{\partial n} = \sum_{j=1}^{N} a_j \frac{\partial \phi(X, Y_j)}{\partial n}, \quad X \in \partial\Omega \tag{2-36}$$

很明显，边界节点法所求近似解 $u_N(X)$ 有时不能精确满足边界条件(2-25)和(2-26)，因此将产生残量

$$X \in \Gamma_D : R_1(X) = \sum_{j=1}^{N} a_j \phi(X, Y_j) - \bar{u}(X) = \xi^{\mathrm{T}} \tilde{u}(X) - \bar{u}(X) \tag{2-37}$$

$$X \in \Gamma_N : R_2(X) = \sum_{j=1}^{N} a_j \frac{\partial \phi(X, Y_j)}{\partial n} - \bar{q}(X) = \xi^{\mathrm{T}} \tilde{q}(X) - \bar{q}(X) \tag{2-38}$$

这里 $\xi = (a_1, a_2, \cdots, a_N)^{\mathrm{T}}$，$\tilde{u}(X) = (\phi(X, Y_1), \phi(X, Y_2), \cdots, \phi(X, Y_n))$，$R_1(X)$ 和 $R_2(X)$ 分别为边界 Γ_D 和 Γ_N 上的残量，$\tilde{q}(X) = \left(\dfrac{\partial \phi(X, Y_1)}{\partial n}, \dfrac{\partial \phi(X, Y_2)}{\partial n}, \cdots, \dfrac{\partial \phi(X, Y_n)}{\partial n} \right)$，$(\cdot)^{\mathrm{T}}$ 为向量转置.

2.2.3　配点法格式

目前研究的边界节点法都是基于配点法(Collocation Method)的基本思想, 即强制 N 个边界点 $\{X_i\}_{i=1}^N$ 处的残量为 0. 其实施过程是将式(2-27)和(2-36)分别代入边界条件(2-25)和(2-26), 配置到 N 个配点得到

$$X_i \in \Gamma_D : R_1(X_i) = \sum_{j=1}^N a_j \phi(X_i, Y_j) - \overline{u}(X_i) = 0, \quad i = 1, 2, \cdots, N_1 \tag{2-39}$$

$$X_k \in \Gamma_N : R_2(X_k) = \sum_{j=1}^N a_j \frac{\partial \phi(X_k, Y_j)}{\partial n} - \overline{q}(X_k) = 0, \quad k = 1, 2, \cdots, N_2 \tag{2-40}$$

其中 N_1 和 N_2 分别为边界 Γ_D 和 Γ_N 上的配点数目, 且 $N_1 + N_2 = N$.

式(2-39)和(2-40)写成矩阵的形式为

$$Q\xi = b \tag{2-41}$$

其中

$$Q = \begin{bmatrix} \phi_{11} & \phi_{12} & \cdots & \phi_{1N} \\ \vdots & \vdots & & \vdots \\ \phi_{N_1 1} & \phi_{N_1 2} & \cdots & \phi_{N_1 N} \\ \dfrac{\partial \phi_{11}}{\partial n} & \dfrac{\partial \phi_{12}}{\partial n} & \cdots & \dfrac{\partial \phi_{1N}}{\partial n} \\ \vdots & \vdots & & \vdots \\ \dfrac{\partial \phi_{N_2 1}}{\partial n} & \dfrac{\partial \phi_{N_2 2}}{\partial n} & \cdots & \dfrac{\partial \phi_{N_2 N}}{\partial n} \end{bmatrix} \tag{2-42}$$

为 $N \times N$ 系数矩阵, $\xi = (a_1, a_2, \cdots, a_N)^T$ 为 $N \times 1$ 待求系数向量,

$$b = (\overline{u}_1, \cdots, \overline{u}_{N_1}, \overline{q}_1, \cdots, \overline{q}_{N_2})^T$$

为边界条件构成的 $N \times 1$ 向量.

求出系数向量 ξ 之后, 整个物理区域 Ω 上各点的值及其导数值都可以通过式(2-27)和(2-36)求得.

2.2.4　非齐次问题的边界节点法

在这一小节, 我们将用于求解齐次方程的边界节点法推广到非齐次方程的情形

$$Lu(x, y) = f(x, y), \quad (x, y) \in \Omega \tag{2-43}$$

其中 L 为偏微分方程中的偏微分算子, $f(x, y)$ 为源项函数. 基于叠加原理, 对于

非齐次问题的数值模拟可分为两个步骤: 首先找到问题的一个特解, 然后求解相应的齐次化问题的解. 这两步都可以用边界节点法求解, 这将在下面中详细说明. 根据微分算子的线性性质, 边值问题的解可写成

$$u(X) = u_p(X) + u_h(X) \tag{2-44}$$

其中 $u_p(X)$ 和 $u_h(X)$ 分别是方程(2-43)的特解和对应齐次问题的解. $u_p(X)$ 满足方程(2-43)但不需要满足 Cauchy 边界条件. 同时 $u_h(X)$ 满足如下齐次化方程

$$Lu_h(x, y) = 0, \quad (x, y) \in \Omega \tag{2-45}$$

$$u_h(x, y) = \bar{u}(x, y) - u_p(x, y), \quad (x, y) \in \Gamma_D \tag{2-46}$$

$$\frac{\partial u_h(x, y)}{\partial n} = \bar{q}(x, y) - \frac{\partial u_p(x, y)}{\partial n}, \quad (x, y) \in \Gamma_N \tag{2-47}$$

该齐次方程可用边界型无网格法, 如基本解法或者边界节点法求解.

边界节点法只能求解齐次方程. 为求解非齐次问题, 该方法必须与其他求问题特解的方法耦合在一起. 有几种方法可用于求解问题的特解, 最为成功的是对偶互惠法[147]. 获取特解方法的主要困难之处在于得到近似特解的解析表达式, 通常需要很强的数学技巧, 如对于 Helmholtz 型算子使用 Multiquadric 和 Gauss 时的解析表达式. 该方法将在后面章节详细介绍.

最近 Alves 和 Chen [148]提出使用微分算子的特征函数来得到方程的近似特解, 并将基本解法推广统一地处理非齐次问题. 从他们给出的结果来看, 新方法是相当不错的. 本节我们将边界节点法推广到非齐次方程的情形.

边界节点法的基本想法是使用微分算子 L 的特征函数的线性组合来逼近源项函数 $f(X)$

$$f(X) = \sum_{k=1}^{n_f} \sum_{j=1}^{n_{ds}} a_{kj} \Phi_{\lambda_k}(X - Y_j) \tag{2-48}$$

其中 $\{a_{kj}\}$ 为待定系数, n_f 和 n_{ds} 分别为特征值数目和源点数目, $\{\lambda_k\}$ 为特征值, $\{Y_j\}$ 为源点. 因为 $\Phi_\lambda(X)$ 为微分算子 L 的特征函数, 满足如下的特征方程

$$L\Phi_\lambda(X) = \lambda \Phi_\lambda(X) \tag{2-49}$$

Alves 和 Chen[148]取特征函数为特征方程的基本解. 我们也可应用特征方程的通解, 亦即边界节点法的核心思想.

特别地, Helmholtz 算子 $\Delta + \mu^2$ 的特征方程也可以取为 Helmholtz 方程

$$(\Delta + \mu^2)\Phi_\lambda(X) = (\mu^2 - \lambda)\Phi_\lambda(X) \tag{2-50}$$

此时, 相应的特征值为 $\mu^2 - \lambda$, 特征方程 $\Phi_\lambda(X)$ 也取为 Helmholtz 方程频率为 $\sqrt{\lambda}$ 的特解, 即 d 维空间中取为

$$\Phi_\lambda(X) = \left(\frac{\pi\sqrt{\lambda}}{2r}\right)^{d/2-1} J_{d/2-1}(\sqrt{\lambda}r) \tag{2-51}$$

类似地, 变形的 Helmholtz 算子 $\Delta - \mu^2$ 的特征方程可取为

$$(\Delta - \mu^2)\Phi_\lambda(X) = (\lambda - \mu^2)\Phi_\lambda(X) \tag{2-52}$$

同样, 这也是频率为 $\sqrt{\lambda}$ 的变形的 Helmholtz 方程, 相应的特征值为 $\lambda - \mu^2$. 此时特征函数 $\Phi_\lambda(X)$ 可取为变形的 Helmholtz 方程的通解, 在 d 维空间中为

$$\Phi_\lambda(X) = \left(\frac{\pi\sqrt{\lambda}}{2r}\right)^{d/2-1} I_{d/2-1}(\sqrt{\lambda}r) \tag{2-53}$$

使用特征方程的通解近似 Helmholtz 型方程的特解的理论基础可参考文献 [149], 其中的定理也回答了边界节点法的部分理论问题. 系数 $\{a_{kj}\}$ 可用配置点方法确定. 记 n_c 个配置点为 $\{X_i\}$, 得如下线性方程组

$$f(X_i) = \sum_{k=1}^{n_f}\sum_{j=1}^{n_{ds}} a_{kj}\Phi_{\lambda_k}(X_i - Y_j), \quad i = 1, 2, \cdots, n_c \tag{2-54}$$

由于 $f(X)$ 精确已知, 线性方程组可用标准方法, 如 Gauss 消去法、LU 分解或者最小二乘法求解. 确定了系数 $\{a_{kj}\}$ 之后, $\mathbf{R}^2$ 中的 Helmholtz 方程和变形的 Helmholtz 方程的近似解分别可写成

$$u_p(X) = \sum_{k=1}^{n_f}\sum_{j=1}^{n_{ds}} \frac{a_{kj}}{\mu^2 - \lambda} J_0\left(\sqrt{\lambda_k}\|X - Y_j\|_2\right) \tag{2-55}$$

$$u_p(X) = \sum_{k=1}^{n_f}\sum_{j=1}^{n_{ds}} \frac{a_{kj}}{\lambda - \mu^2} I_0\left(\sqrt{\lambda_k}\|X - Y_j\|_2\right) \tag{2-56}$$

2.2.5　对称边界节点法

当边界节点法中仅涉及单一边界条件时(即仅有第一类条件或者第二类条件), 我们所得到的插值系数矩阵为对称矩阵, 否则为非对称矩阵, 因此 Chen 考虑了对称边界节点法[150]. 为了说明对称边界节点法, 我们考虑前面提到的边值问题 (2-24)~(2-26).

根据 Fasshauer 的理论构造近似函数，即将边值问题的近似解表示如下

$$u(X) \approx u_N(X) = \sum_{j=1}^{N_1} a_j \phi(X, Y_j) - \sum_{j=N_1+1}^{N} a_j \frac{\partial \phi(X, Y_j)}{\partial n} \tag{2-57}$$

其中 $Y_j, j = 1, 2, \cdots, N_1$ 和 $Y_j, j = N_1 + 1, N_1 + 2, \cdots, N$ 分别为第一类边界和第二类边界上的配点. 将(2-57)代入边界条件(2-25)和(2-26)得

$$\sum_{j=1}^{N_1} a_j \phi(X_i, Y_j) - \sum_{j=N_1+1}^{N} a_j \frac{\partial \phi(X_i, Y_j)}{\partial n} = \bar{u}(X_i), \quad i = 1, 2, \cdots, N_1 \tag{2-58}$$

$$\sum_{j=1}^{N_1} a_j \frac{\partial \phi(X_i, Y_j)}{\partial n} - \sum_{j=N_1+1}^{N} a_j \frac{\partial^2 \phi(X_i, Y_j)}{\partial n^2} = \bar{q}(X_i), \quad i = N_1 + 1, \cdots, N \tag{2-59}$$

很明显由(2-39)和(2-40)构成的插值矩阵为对称系数矩阵. 值得注意的是基本解法(MFS)目前为止无法构造出对称格式.

2.2.6 数值仿真分析

以海洋中的声波为例，海水中各点处声速 c (m/s)与温度 T、盐度 S 和深度 H(m) 的关系可用下式近似表示 (Mcleroy, 1969)

$$c = 1492.9 + 3(T-10) - 6\times10^{-3}(T-10)^2 - 4\times10^{-2}(T-18)^2 + 1.2(S-35)$$
$$-10^{-2}(T-18)(S-35) + \frac{H}{61} \tag{2-60}$$

声速在 1450 m/s 和 1550 m/s 之间变化. 我们知道频率低于 20Hz 的机械波称为次声波，频率在 20Hz 和 20000Hz 之间的是可听声，频率高于人类听觉上限 20000Hz 的是超声波. 波数为频率与波速的比值，即 $k = \dfrac{2\pi f}{v}$，因此波数大于 $2\pi \cdot \dfrac{20000}{1500} = 83.7758$ 的属于高波数. 例如，自然界中的海豚、蝙蝠等发出的超声波 (图 2.1). 超声波的波长非常短，基本上是沿直线传播，可以定向发射，根据这个特性，可以制成声呐(声音导航与测距)，确定潜艇、鱼群的位置或海底深度.

我们用边界节点法数值检验了高频率 Helmholtz 控制方程声波问题. 如无特殊说明，本章所用的平均相对误差定义如下[18]

$$\text{RMSE} = \sqrt{\frac{1}{N_t} \sum_{j=1}^{N_t} |\text{Rerr}|^2} \tag{2-61}$$

当 $|u(X_j)| \geqslant 10^{-3}$ 时，

图 2.1　自然界中的超声现象

$$Rerr = \frac{u(X_j) - \tilde{u}(X_j)}{u(X_j)} \tag{2-62}$$

当 $|u(X_j)| < 10^{-3}$ 时,

$$Rerr = u(X_j) - \tilde{u}(X_j) \tag{2-63}$$

其中 j 是检验点的指标, $u(X_j)$ 和 $\tilde{u}(X_j)$ 分别是检验点 X_j 处的精确解和数值解, N_t 是检验点总数.

本算例考虑单位正方形区域 $\Omega = \{(x, y) \mid 0 \leq x, y \leq 1\}$, 为更好地分析边界节点法随波数 λ 的变化, 解析解取为

$$u(x, y) = \sin(\lambda x) + \cos(\lambda y) \tag{2-64}$$

仅考虑 Dirichlet 边界条件.

为了说明 Helmholtz 问题的高波数波形性质, 图 2.2 给出了边界节点法用每条边上节点数 $N=40$ 计算波数 $\lambda=100$ 的 Helmholtz 问题时得到的波形图, 检验点(总数为 $N_t=10201$)均匀分布在物理区域上. 平均相对误差为 RMSE=2.9×10^{-3}, 平面绝对误差如图 2.3 所示. 从图 2.3 中可以看出, 无论在区域边界还是区域内部, 边界节点法的求解精度都非常高.

图 2.4 给出了当波数 $\lambda=150$ 时, 平均相对误差 RMSE 随着每条边上节点数 (Number of Unknowns Per Line)增加的曲线图. 我们可以看到随着边界节点数的增加, 平均相对误差有非常好的收敛趋势. 当每条边界上的节点数为 55 时, 平均相对误差就可以达到 RMSE=2.9×10^{-3}.

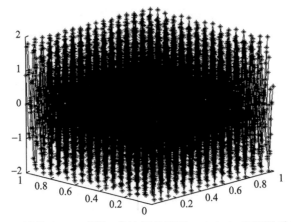

图 2.2   波数为 100 时第一类边界条件下 Helmholtz 问题的波形图

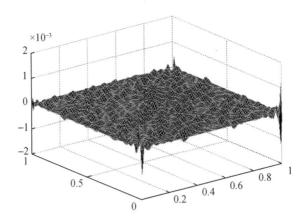

图 2.3   波数为 100 时的绝对误差平面图

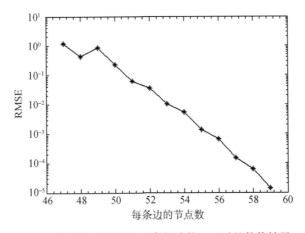

图 2.4   本章中边界节点法求解波数 150 时的数值结果

对应于有限元法, 我们引用了国际著名有限元专家 Ivo Babuska 教授等的文章算例作为比较[151]. 从图 2.5 可以看出, 传统有限元法求解波数为 150 的 Helmholtz 控制方程定解问题时每条边界上 1024 个点(Numer of Unknowns Per Line)仅能达到 10^{-1} 的误差. 从图 2.5 中可以看出, 该文献中的广义最小二乘有限元法(Generalized Least Square Finite Element Method, GLS-FEM)得到的结果最好, 即使如此, 每条边界上 1024 个点仅能达到 10^{-3} 的误差, 而边界节点法仅用 55 个节点就可以达到同样的结果.

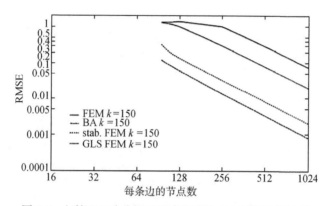

图 2.5　文献[151]中有限元法求解波数 150 时的数值结果

注　用 MATLAB 有限元工具箱对单位正方形进行七次网格划分, 每条边界上节点数为 704, 对应的计算所需节点数为 1116546(三角单元数为 4456448), 对于八次网格划分已经超出计算机的计算能力. 边界节点法中 55 个边界节点对应的计算所需总节点数为 216.

上述比较表明, 有限元法甚至改进的有限元法在处理高波数 Helmholtz 问题时, 随着波数的增加, 有限元法所需要的网格节点数急剧增加, 计算规模迅速扩大, 因此难于处理高波数问题. 与有限元法相比, 边界节点法在求解高波数 Helmholtz 问题时所需边界节点数远远少于有限元法, 对处理高波数问题有较好的优势.

基于上述论述, 表 2.1 给出了边界节点数随着波数增加的关系表. 从表 2.1 中可以看出, 当增加 10 个波数, 对应的边界节点增加 2~3 个便可以得到相同的精度. 当增加 100 个波数时, 仅增加 30~40 个边界节点就可以得到相同的精度. 当波数 $\lambda=1000$ 时, 仅用 345 个边界节点就可以得到非常好的计算精度 RMSE$=9.0818\times10^{-4}$. 对于有限元法而言, 美国克莱姆森大学 Lonny L. Thompson 教授和斯坦福大学 Peter M. Pinsky 教授曾指出: 要想得到可以接受的计算精度, 每个波长内至少需要有 10 个单元[152].

从表 2.1 还可以看出, 随着边界节点数或者波数的增加, 插值系数矩阵的条件数有增加的趋势. 许多研究表明, 插值矩阵条件数的增加往往会引起数值方法的不稳定性.

表 2.1　边界节点数 N 与波数 λ 关系表

波数 λ	边界节点数 N	平均相对误差 RMSE	条件数 Cond
100	41	4.9635×10^{-4}	1.0906×10^{12}
110	44	7.0030×10^{-4}	3.7007×10^{11}
120	47	6.8327×10^{-4}	1.3554×10^{11}
130	49	3.1717×10^{-4}	1.2850×10^{9}
140	54	4.1059×10^{-4}	8.8116×10^{11}
150	56	6.7026×10^{-4}	8.9634×10^{9}
200	73	5.5960×10^{-4}	2.3042×10^{16}
300	107	3.9554×10^{-4}	1.6903×10^{14}
400	147	1.1242×10^{-4}	1.7559×10^{16}
500	188	8.9665×10^{-4}	1.8549×10^{17}
600	214	5.2239×10^{-4}	3.9693×10^{17}
700	253	6.5808×10^{-4}	3.9613×10^{15}
800	280	5.1530×10^{-4}	4.7599×10^{16}
900	312	8.4212×10^{-4}	5.9307×10^{15}
1000	345	9.0818×10^{-4}	1.1787×10^{16}

2.3　边界节点法其他格式

需要说明的是, 除配点格式外, 还可以通过移动最小二乘格式 (Least-square-method Formulation)、Galerkin 格式(Galerkin-method Formulation)或者变分格式(Variational Formulation)推导边界节点法的其他形式. 类似的推导可以参见文献[153,154]. 下面我们简单推导其他几种边界节点法的数值格式, 对于具体实施过程可以作为将来的研究方向.

2.3.1　移动最小二乘格式

定义如下函数

$$
\begin{aligned}
QF(\xi) &= \int_{\Gamma_1} R_1^2 \, d\Gamma + \tau \int_{\Gamma_2} R_2^2 \, d\Gamma \\
&= \int_{\Gamma_1} (\tilde{u}^{\mathrm{T}} \xi - \overline{u})^2 \, d\Gamma + \tau \int_{\Gamma_2} (\tilde{q}^{\mathrm{T}} \xi - \overline{q})^2 \, d\Gamma
\end{aligned}
\tag{2-65}
$$

其中 τ 是一个权重参数, 用于保持上式右侧中第一项和第二项之间的数值平衡. 在移动最小二乘格式中, 上式关于 ξ 的导数强制为 0.

$$\frac{\partial F(\xi)}{\partial \xi} = \frac{\partial}{\partial \xi} \left[\int_{\Gamma_1} R_1^2 d\Gamma + \tau \int_{\Gamma_2} R_2^2 d\Gamma \right]$$

$$= 2 \int_{\Gamma_1} \tilde{u} (\tilde{u}^{\mathrm{T}} \xi - \overline{u}) d\Gamma + 2\tau \int_{\Gamma_2} \tilde{q} (\tilde{q}^{\mathrm{T}} \xi - \overline{q})^2 d\Gamma = 0 \tag{2-66}$$

整理上面的方程可得

$$\left[\int_{\Gamma_1} \tilde{u} \tilde{u}^{\mathrm{T}} d\Gamma + \tau \int_{\Gamma_2} \tilde{q} \tilde{q}^{\mathrm{T}} d\Gamma \right] \zeta = \int_{\Gamma_1} \tilde{u} \overline{u} d\Gamma + \tau \int_{\Gamma_2} \tilde{q} \overline{q} d\Gamma \tag{2-67}$$

或者

$$Q\xi = b \tag{2-68}$$

其中

$$Q_{ij} = \int_{\Gamma_1} \tilde{u}_i \tilde{u}_j^{\mathrm{T}} d\Gamma + \tau \int_{\Gamma_2} \tilde{q}_i \tilde{q}_j^{\mathrm{T}} d\Gamma \tag{2-69}$$

$$b_i = \int_{\Gamma_1} \tilde{u}_i \overline{u} d\Gamma + \tau \int_{\Gamma_2} \tilde{q}_i \overline{q} d\Gamma \tag{2-70}$$

这里需要说明的是, 在移动最小二乘格式中, 很难预先给定恰当的权重参数 τ.

2.3.2　Galerkin 格式

选取 q_N 和 $-u_N$ 分别作为残量 R_1 和 R_2 的权函数, 可以得到如下权重残量方程

$$\int_{\Gamma_1} q_N R_1 d\Gamma - \int_{\Gamma_2} u_N R_2 d\Gamma = 0 \tag{2-71}$$

将近似函数(2-27)和(2-36)代入上述方程并结合残量方程(2-37)和(2-38)得到

$$\int_{\Gamma_1} \tilde{q}^{\mathrm{T}} \xi (\tilde{u}^{\mathrm{T}} \xi - \overline{u}) d\Gamma - \int_{\Gamma_2} \tilde{u}^{\mathrm{T}} \xi (\tilde{q}^{\mathrm{T}} \xi - \overline{q}) d\Gamma = 0 \tag{2-72}$$

$$\xi^{\mathrm{T}} \left[\int_{\Gamma_1} \tilde{q}^{\mathrm{T}} \xi (\tilde{u}^{\mathrm{T}} \xi - \overline{u}) d\Gamma - \int_{\Gamma_2} \tilde{u}^{\mathrm{T}} \xi (\tilde{q}^{\mathrm{T}} \xi - \overline{q}) d\Gamma \right] = 0 \tag{2-73}$$

因此

$$\int_{\Gamma_1} \tilde{q}^{\mathrm{T}} (\tilde{u}^{\mathrm{T}} \xi - \overline{u}) d\Gamma - \int_{\Gamma_2} \tilde{u}^{\mathrm{T}} (\tilde{q}^{\mathrm{T}} \xi - \overline{q}) d\Gamma = 0 \tag{2-74}$$

整理上述方程可得

$$\left[\int\limits_{\Gamma_1}\tilde{q}\tilde{u}^{\mathrm{T}}d\Gamma-\int\limits_{\Gamma_2}\tilde{u}\tilde{q}^{\mathrm{T}}d\Gamma\right]\xi^{\mathrm{T}}=\int\limits_{\Gamma_1}\tilde{q}^{\mathrm{T}}\overline{u}d\Gamma-\int\limits_{\Gamma_2}\tilde{u}^{\mathrm{T}}\overline{q}d\Gamma \tag{2-75}$$

或者

$$Q\xi=b \tag{2-76}$$

其中

$$Q_{ij}=\int\limits_{\Gamma_1}\tilde{q}_i\tilde{u}_jd\Gamma-\int\limits_{\Gamma_2}\tilde{u}_i\tilde{q}_jd\Gamma \tag{2-77}$$

$$b_i=\int\limits_{\Gamma_1}\tilde{q}_i\overline{u}d\Gamma-\int\limits_{\Gamma_2}\tilde{u}_i\overline{q}d\Gamma \tag{2-78}$$

香港大学 Y. K. Cheung 教授及其合作者[155-157]曾证明了 Trefftz 方法中插值生成的系数矩阵具有对称性. 这里, 我们可以用同样的方法来证明边界节点法的 Galerkin 格式生成的插值系数矩阵 Q 具有对称性. 用元素 Q_{ij} 减去元素 Q_{ji} 可以得到

$$\begin{aligned}Q_{ij}-Q_{ji}&=\int\limits_{\Gamma_1}\tilde{q}_i\tilde{u}_jd\Gamma-\int\limits_{\Gamma_2}\tilde{u}_i\tilde{q}_jd\Gamma-\left(\int\limits_{\Gamma_1}\tilde{q}_j\tilde{u}_id\Gamma-\int\limits_{\Gamma_2}\tilde{u}_j\tilde{q}_id\Gamma\right)\\&=\int\limits_{\Gamma_1+\Gamma_2}\tilde{q}_i\tilde{u}_jd\Gamma-\int\limits_{\Gamma_2+\Gamma_1}\tilde{u}_i\tilde{q}_jd\Gamma=0\end{aligned} \tag{2-79}$$

即

$$Q_{ij}=Q_{ji} \tag{2-80}$$

需要指出的是: 由于 Galerkin 格式保证了系数矩阵的对称性, 因此求解精度和计算效率都高于其他格式.

此外, 法国学者 Ch. Hochard 和 L. Proslier[158]提出过另一种 Galerkin 格式. 在该格式中, 分别取 q_N 和 u_N 作为残量 R_1 和 R_2 的权函数, 可以得出

$$\int\limits_{\Gamma_1}q_NR_1d\Gamma+\int\limits_{\Gamma_2}u_NR_2d\Gamma=0 \tag{2-81}$$

Ch. Hochard 和 L. Proslier 证明了该格式可以保证解的唯一性.

2.3.3 变分格式

基于能量泛函, 英国工程力学和计算力学家 O. C. Zienkiewicz[159]提出了变分格式

$$\Phi=\int\limits_{\Gamma_1}\frac{1}{2}q_Nu_Nd\Gamma-\int\limits_{\Gamma_2}u_N\overline{q}d\Gamma-\int\limits_{\Gamma_1}(u_N-\overline{u})\overline{q}d\Gamma \tag{2-82}$$

将(2-27)和(2-36)代入上述方程得到

$$\Phi = \int_{\Gamma} \frac{1}{2}(\xi^{\mathrm{T}}\tilde{q})^{\mathrm{T}}(\xi^{\mathrm{T}}\tilde{u})d\Gamma - \int_{\Gamma_2}(\xi^{\mathrm{T}}\tilde{u})^{\mathrm{T}}\overline{q}d\Gamma - \int_{\Gamma_1}(\xi^{\mathrm{T}}\tilde{u}-\overline{u})(\xi^{\mathrm{T}}\tilde{q})d\Gamma$$

$$=\xi^{\mathrm{T}}\int_{\Gamma_2}\frac{1}{2}\tilde{q}\tilde{u}^{\mathrm{T}}d\Gamma\xi - \xi^{\mathrm{T}}\int_{\Gamma_1}\frac{1}{2}\tilde{u}\tilde{q}^{\mathrm{T}}d\Gamma\xi - \xi^{\mathrm{T}}\int_{\Gamma_2}\overline{q}\tilde{u}d\Gamma + \xi^{\mathrm{T}}\int_{\Gamma_1}\overline{u}\tilde{q}d\Gamma \tag{2-83}$$

对上式进行变分有

$$\delta\Phi = \delta\xi^{\mathrm{T}}\left[\int_{\Gamma_2}\tilde{q}\tilde{u}^{\mathrm{T}}d\Gamma\xi - \int_{\Gamma_1}\tilde{u}\tilde{q}^{\mathrm{T}}d\Gamma\xi - \int_{\Gamma_2}\overline{q}\tilde{u}d\Gamma + \int_{\Gamma_1}\overline{u}\tilde{q}d\Gamma\right] = 0 \tag{2-84}$$

或者

$$\left[\int_{\Gamma_2}\tilde{q}\tilde{u}^{\mathrm{T}}d\Gamma - \int_{\Gamma_1}\tilde{u}\tilde{q}^{\mathrm{T}}d\Gamma\right]\xi = \int_{\Gamma_2}\overline{q}\tilde{u}d\Gamma - \int_{\Gamma_1}\overline{u}\tilde{q}d\Gamma \tag{2-85}$$

该方程与 Galerkin 格式中得到的(2-75)形式相同.

2.4　本 章 结 论

本章简单介绍了 Helmholtz 方程控制声场定解问题, 研究了边界节点法数值模拟高波数声波问题. 数值结果表明, 边界节点法求解高波数声波问题可以得到较高的精度. 与有限元法相比, 边界节点法无须网格划分, 且仅需要较少的边界节点数就可以很好地求解高波数 Helmholtz 问题, 对处理高波数问题有较好的优势. 另外, 边界节点法生成的插值矩阵条件数增加往往会引起数值方法的不稳定性, 因此第 3 章将研究边界节点法的稳定性.

第3章 边界节点法的稳定性分析

3.1 引　言

边界型无网格法离散偏微分方程所得线性方程组

$$A\alpha = b \tag{3-1}$$

通常是病态的, 然而在这种病态性质的存在下仍然可以得到有意义的解. 这表明传统的求解矩阵的方法, 如 Gauss 消去法、LU 分解和最小二乘法等可能不适用于求解这类问题, 同时病态问题通常导致数值解的收敛稳定性被破坏. 有几种方法可用于克服径向基函数插值矩阵的病态性, 例如: 基于近似基函数的预条件处理办法[160]和区域分解法[161]等.

作为减缓病态性的方法, 基于近似基数紧支径向基函数是非常有用的. 其存在性问题在 1995 年由牛津大学 Holger Wendland[162]和复旦大学吴宗敏等[163]所解决. 在 20 世纪 90 年代中期获得紧支径向基函数时, 许多学者都认为克服了全局支撑径向基函数插值矩阵的稠密性以及其病态性, 并将紧支径向基函数应用到大量的工程与科学计算问题中. 但是随后人们很快就发现紧支径向基函数也有其固有的缺陷: 紧支径向基函数的精度和计算效率与支撑的大小紧密相关, 而确定合适的支撑的方法迄今仍是一个有待研究的课题. 为了使插值矩阵稀疏, 支撑必须充分小, 此时插值误差很大而难以接受. 当支撑大到使插值误差可接受时, 插值矩阵却不再稀疏, 从而失去了使用紧支径向基函数的主要目的. 因此瑞士理工学院 Buhmann 曾指出[164]: "They must, in the author's opinion, be seen as alternative to the standard radial basis functions of global support, like thin plate splines or the famous and extremely useful multiquadric, but not as an excluding alternative, because the approximation orders they give are much less impressive than the dimension-dependent orders of the familiar radial basis functions."

复旦大学张云新博士和谭永基[165]在 2005 年用区域分解法 (Domain Decomposition Method, DDM) 研究了边界节点法插值矩阵的病态性, 将待求问题分割成几个小的问题, 而每个小的问题的条件数不是太差. 本章用正则化方法来研究边界节点法的稳定.

3.2　正则化方法

为了文章的简洁性, 我们直接考虑第 2 章中边界节点法数值离散齐次偏微分方程边值问题得到的线性方程组, 即

$$Q\xi = b \tag{3-2}$$

值得注意的是, 随着边界节点数的增加, 边界节点法生成的 $N \times N$ 插值矩阵 Q 逐渐变为稠密并且病态的矩阵[18]. 然而利用该病态矩阵可以得到非常好的近似解, 此外, 随着边界节点数的增加, 解的误差收敛曲线出现振荡现象. 这表明传统的标准方法(如 Gauss 消去法)已不适用于求解这类问题. 因此, 我们引入正则化方法来处理这种病态问题.

下面, 我们基于奇异值分解简要介绍几种常用的正则化方法及其参数选择方法.

3.2.1　奇异值分解

众所周知, 奇异值分解(Singular Value Decomposition)可以将秩为 $r(r > 0)$ 的 $M \times N$ 矩阵 Q 分解为[166,167]

$$Q = UDV^{\mathrm{T}} = \begin{bmatrix} \Sigma & 0 \\ 0 & 0 \end{bmatrix} \tag{3-3}$$

其中 $U = [u_1, u_2, \cdots, u_M]$ 是 M 阶正交矩阵, $V = [v_1, v_2, \cdots, v_N]$ 为 N 阶正交矩阵满足 $U^{\mathrm{T}}U = V^{\mathrm{T}}V = I_N$, 即其列向量满足

$$u_i^{\mathrm{T}}u_j = \delta_{ij}, \quad v_i^{\mathrm{T}}v_j = \delta_{ij} \tag{3-4}$$

其中 δ_{ij} 是 Kronecker 记号. $(\cdot)^{\mathrm{T}}$ 为向量转置, I_N 表示 $N \times N$ 单位矩阵, $u_i(i = 1, 2, \cdots, M)$ 和 $v_i(i = 1, 2, \cdots, N)$ 分别为矩阵 Q 的左奇异向量和右奇异向量. $D = \mathrm{diag}(\sigma_1, \sigma_2, \cdots, \sigma_r)$ 是一个对角矩阵并且元素 $\sigma_i(i = 1, 2, \cdots, r)$ 满足

$$\sigma_1 \geqslant \sigma_2 \geqslant \cdots \geqslant \sigma_r > 0 \tag{3-5}$$

为矩阵的全部奇异值. 易知奇异值分解满足如下重要的关系式

$$Qv_i = \sigma_i u_i, \quad Q^{\mathrm{T}}u_i = \sigma_i v_i, \quad Q^{\mathrm{T}}Qv_i = \sigma_i^2 v_i \tag{3-6}$$

根据式(3-3), 方程组 $Q\xi = b$ 的解可以写为

$$\xi = \sum_{i=1}^{r} \frac{u_i^{\mathrm{T}}b}{\sigma_i} v_i \tag{3-7}$$

当系数矩阵 Q 不是方阵时, 上式给出最小二乘解. 由病态问题离散得到的矩阵有较多的小奇异值 σ_i, 因此上式中最后几项可能很大. 考虑到小奇异值对应的奇异向量有许多符号变化, 因此最小二乘解是高度振荡的. 换言之, 最小二乘法的难点在于小奇异值的贡献淹没了大奇异值的贡献.

基于奇异值分解, 下面简要给出几种常用的正则化方法. 正则化方法的基本想法是用"周围的"适定问题的解作为原来不适定问题的近似解. 适定问题可由包含关于解的先验信息如有界性和光滑性得到.

3.2.2 离散问题的正则化方法

许多线性正则化方法可以用于处理上述病态问题[168-170]. 但在工程中应用最广泛的三种正则化方法包括[171,172]: 截断奇异值分解(Truncated Singular Value Decomposition, TSVD)、Tikhonov 正则化方法(Tikhonov Regularization, TR)和阻尼奇异值分解(Damped Singular Value Decomposition, DSVD).

1. 截断奇异值分解

通常用截断奇异值分解来求得一个较好的最小二乘解. 该方法的基本思想是用一个秩为 p 的矩阵来近似矩阵 Q, 该矩阵仅仅保留了最大的 p 个奇异值

$$Q_p = u_i \sigma_i v_i^{\mathrm{T}} \tag{3-8}$$

这样方程组 $Q\xi = b$ 中的矩阵 Q 就替换为秩为 p 的矩阵 Q_p. 原有的线性方程组就可以用下面的式子代替

$$\min \|\xi\|_2 \quad \text{s.t.} \quad \min \|Q_p \xi - b\|_2 = \min \tag{3-9}$$

其中 b 是在极小值点处没有噪声的理想数据. 上式的 TSVD 解 ξ_p 为

$$\xi_p = \sum_{i=1}^{p} \frac{u_i^{\mathrm{T}} b}{\sigma_i} v_i \tag{3-10}$$

其中 $p \leq r$ 也是一个正则化参数. 需要指出的是: 当 $p = r$ 时, 近似解 ξ_p 即为无奇异截断的精确解 ξ.

2. Tikhonov 正则化

Tikhonov 正则化的核心思想是用半范数 $\|L\xi\|_2$ 来包含有关解的先验信息如有界性和光滑性. Tikhonov 正则化将问题转化为极小化如下泛函

$$\min \left\{ \|Q\xi - b\|_2^2 + \mu^2 \|L\xi\|_2^2 \right\} \tag{3-11}$$

其中 $\|\cdot\|_2$ 为欧几里得范数. 正则化参数 $\mu \geq 0$ 控制着给与正则项 $\|L\xi\|_2$ 和残差范数 $\|Q\xi-b\|_2$ 的权重. 稳定泛函 $\|L\xi\|_2$ 中的正则化矩阵 L 可取为单位矩阵或者一阶或二阶导数的离散形式, 取决于所要求解的具体问题的要求. 正则化矩阵 L 为单位矩阵时, 则称为标准形式 Tikhonov 正则化方法.

正则化泛函由两项组成: 第一项对应于原问题, 而第二项则对应于先验信息. 极小化该泛函的意思即为同时要求残差范数较小和近似解较好地满足先验信息.

此处只考虑标准形式的 Tikhonov 正则化方法. 一般形式的问题可转化为标准形式问题. 利用奇异值分解, 易知 Tikhonov 正则化解 ξ_μ 可写成

$$\xi_\mu = \sum_{i=1}^{n} f(\sigma_i) \frac{u_i^{\mathrm{T}} b}{\sigma_i} v_i \qquad (3\text{-}12)$$

其中 $f(\sigma)$ 是 Tikhonov 滤子函数

$$f(\sigma) = \frac{\sigma^2}{\sigma^2 + \mu^2} \qquad (3\text{-}13)$$

比较 Tikhonov 正则化解 ξ_μ 与最小二乘解 ξ_{LS}, 可知 Tikhonov 滤子函数能有效地过滤掉最小二乘解中小奇异值的贡献, 而保留其中大奇异值的贡献基本不变, 从而保证数值解法的稳定性. 同时正则化在 $\sigma_i \approx \mu$ 时开始起作用.

3. 阻尼奇异值分解

阻尼奇异值分解 DSVD 将式(3-13)中的 TR 过滤因子替换为一个更光滑的过滤因子

$$f(\sigma) = \frac{\sigma}{\sigma + \mu} \qquad (3\text{-}14)$$

这些过滤因子比 Tikhonov 过滤因子衰减速度较慢, 因此在一定程度上减小了过滤程度.

4. 迭代正则化方法[173]

直接正则化方法如 Tikhonov 正则化方法和截断奇异值分解能有效求解不适定问题. 但是计算大矩阵的奇异值分解计算量非常大, 直接法求解大规模问题不可行. 人们为克服该困难进行了许多研究, 现在一般认为求解大规模不适定问题的最为有效的方法是迭代正则化方法, 如共轭梯度型方法和 Landweber 迭代.

共轭梯度型方法对于求解系数矩阵为对称正定的线性方程组是极为有效的. 系数矩阵非对称时, 有两种形式可以用: CGNE 和 CGNR, 其理论分析和程序实现细节可参考 Martin Hanke 的专著 *Conjugate Gradient Type Methods for Ill-posed*

Problems[174]. Landweber 迭代可看作是最速下降法的变种, 其收敛速度较慢; 实际应用时可采用其改进形式——ν 迭代.

迭代法求解不适定问题时存在所谓的半收敛现象, 即迭代开始时近似解序列收敛于精确解, 但是当迭代步数超过某个数时, 近似解为噪声的贡献所淹没而迅速变差. 因此有必要给出一个停止迭代的规则以得到合理的解.

从实际计算的角度来看, 在正则化解和相应残差向量大致相同的意义下, 只要选取了合适的正则化参数, 所有正则化方法给出比较接近的正则化解.

3.3 正则化参数选取法则

正则化参数决定了极小化泛函中稳定泛函的权重. 因此正则化方法的数值性能与正则化参数密切相关. 正则化方法的关键在于找到一个合适的正则化参数, 过滤掉充分多噪声贡献而不丧失过多关于真实解的信息. 但是迄今为止通用的正则化参数选取方法仍没有找到.

现有正则化参数选取方法大致可分为两类: 确定性和启发式. 确定性方法如偏差原则和拟最优法, 要求能比较准确地估计数据中噪声含量, 其数学基础比较扎实. 启发式方法如广义交互检验和 L 曲线, 不需要对已知数据作任何先验的假设. 启发式方法求解实际问题时性能不错, 但是通常缺乏严格的数学基础.

正则化参数 $\mu \geq 0$ 的选取通常可以通过以下几种方法来实现, 常见的为前两种, 即 L 曲线 (L-Curve, LC)和广义交叉校验(Generalized Cross-validation, GCV).

3.3.1 L 曲线

定义一个曲线[175]

$$L := \left\{ \left(\log \|\xi_\mu\|, \log \|Q\xi_\mu - b\| \right) : \mu \geq 0 \right\} \tag{3-15}$$

由于该曲线的形状像字母 L, 因此被称作 L 曲线. 注意到当 TR 和 DSVD 中的正则化参数是实数时, L 曲线是一条连续曲线. 在数值计算中, 有最大曲率的点(L 曲线的角点)被看作正则化参数, 这也是由于最大曲率点是残量和解范数之间的折衷. 对于 TSVD 中所需要的离散正则化参数, 可以定义一个有限点集

$$\left\{ \left(\log \|\xi_\mu\|, \log \|Q\xi_\mu - b\| \right) : q = 1, 2, \cdots, N \right\} \tag{3-16}$$

用样条曲线来进行插值. 样条曲线中有最大曲率的点对应的值可以看作所需的正则化参数. L 曲线法展示了正则化解随着正则化参数的变化规律, 因此通常被看作

是一种非常有效的方法.

　　L 曲线对于不相关的或者高度相关的噪声都是非常稳定的, 并且对于某些实际问题都非常有效. 然而, M. Hanke[176]表明 L 曲线不能重建非常光滑的解, 解越光滑, L 曲线得到的正则化参数越不好. C. R. Vogel [177]指出随着问题规模的增大, L 曲线判别法不能显示最优的正则化参数. 许多学者研究过选取最大曲率点的算法, 详细的介绍可以参阅相关的参考文献[178–180].

3.3.2　广义交叉校验

　　广义交叉检验是一个统计方法, 利用如下最小泛函来估计最优的正则化参数值

$$\xi_{\text{opt}} = \frac{\frac{1}{N}\left\|(I - Q(m))b\right\|^2}{\left[\frac{1}{N}\text{trace}(I - Q(m))\right]^2} \tag{3-17}$$

其中 trace 为矩阵的主对角线(从左上方至右下方的对角线)上各个元素的总和, 即矩阵的迹. 系数矩阵 $Q(m)$ 通过下式得到正则化解:

$$Q\xi_m = Q(m)b \tag{3-18}$$

　　广义交叉检验有一些与计算有关的性质, 是一个预测性的平均误差标准, 可以估计残量函数

$$T_m = \frac{1}{N}\left\|Q(\xi_m - \xi)\right\|^2. \tag{3-19}$$

　　大量实际算例表明广义交互检验方法能给出较合适的正则化参数. 关于该方法理论上已经有一定的结果. 但是这种方法存在两个困难: 广义交叉检验函数通常是非常平坦的, 用数值方法确定最小值较为困难; 当数据中含有的噪声高度相关时, 它一般不能给出正确的值[181].

3.3.3　偏差原则

　　Morozov 的偏差原则在应用中广泛受重视[182]. 偏差原则的基本想法是我们不能要求解的精度比数据更高, 数值解的精度应该与数据的精度保持一致. 因此该方法取正则化参数 μ 使得残差范数等于数据噪声 e 的范数的先验上界 δ_e, 即

$$\left\|Q\xi_\mu - b\right\|_2 = \delta_e, \quad \|e\| \leq \delta_e \tag{3-20}$$

对于离散正则化参数 p, 我们取最小的 p 使得 $\left\|Q\xi_p - b\right\|_2 \leq \delta_e$ 成立.

　　在合适的光滑性条件下, 应用偏差原则时 Tikhonov 正则化的收敛阶为

$O(\delta_e^{1/2})$ [173]. 存在其他各种广义偏差原则同时考虑到模型即矩阵中的噪声或者其他因素, 如着眼于提高收敛阶.

　　除了得到 $\|e\|_2$ 的较为准确的界较为困难之外, 通常认为偏差原则给出的解"过分光滑", 即在 Tikhonov 正则化方法中取了太大的 μ, 在截断奇异值分解中舍弃了太多奇异值分量.

3.3.4 拟最优方法

　　另外一种广泛应用的确定性参数选取法则是拟最优方法, 其误差估计为

$$\left\|\xi - \xi_\mu\right\|_2 \approx (b(QQ^T + \mu I_m)^{-4} QQ^T b)^{\frac{1}{2}} \tag{3-21}$$

极小化该误差估计得到如下的极小化问题

$$Q(\mu) = \frac{1}{2}\left\|\mu \frac{d\xi_\mu}{d\mu}\right\|_2 \tag{3-22}$$

对于标准形式的 Tikhonov 正则化方法, 易证

$$\frac{d\xi_\mu}{d\mu} = -(Q^T Q + \mu^2 I_n)^{-1} \xi_\mu \tag{3-23}$$

　　在实际中极小化函数 $Q(\mu)$ 较为困难, 因为该函数有许多局部极小值. 关于拟最优准则, Morozov 称"不幸的是, 我们不能证明该方法选取参数的有效性, 尽管该方法在实际中广泛应用于求解不稳定问题".

　　为了与直接边界节点法相比, 下面通过数值算例对正则化方法 TR, DSVD, TSVD 在参数 GCV, LC 选取下的六种组合形式: GCV-TR, LC-TR, GCV-DSVD, LC-DSVD, GCV-TSVD 和 LC-TSVD 进行比较.

3.4　数值算例及讨论

　　在声学中, 对于有吸收的情况, 若仅考虑简谐波则可将波数取作为复数. 这时 Helmholtz 方程(2-24)变为修正 Helmholtz 方程

$$\nabla^2 u(x,y) - \lambda^2 u(x,y) = 0, \quad (x,y) \in \Omega \tag{3-24}$$

该方程的非奇异一般解为

$$\phi(X,Y) = I_0(\mu r), \quad x \in \mathbf{R}^2 \tag{3-25}$$

$I_0(\cdot)$ 表示第一类修正贝塞尔函数, $r = \|X - Y\|_2$ 为两点间的欧几里得范数距离.

注　以下算数值例使用 MATLAB 软件编程, 其中的正则化方法 TR, DSVD, TSVD 及参数 GCV, LC 参考使用了丹麦科技大学(Technical University of Denmark)Per Christian Hansen 开发的源代码[171].

3.4.1　椭圆区域分析

考虑 Dirichlet 边界条件下波数 $\lambda=1$ 的齐次 Helmholtz 方程

$$\nabla^2 u(x,y) + u(x,y) = 0, \quad (x,y) \in \Omega \tag{3-26}$$

$$u(x,y) = \sin(\sqrt{2}x)\sinh y + \cos y, \quad (x,y) \in \partial\Omega \tag{3-27}$$

这里,

$$\Omega = \left\{ (x,y) : \frac{x^2}{4} + y^2 = 1 \right\}$$

从图 3.1 可以看出随着边界节点数的增加, 边界节点法的误差收敛曲线(图中

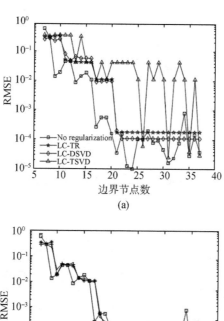

(a)

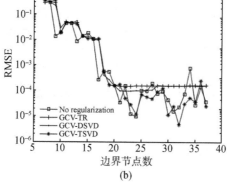

(b)

图 3.1　算例 3.4.1 的 RMSE 随着边界节点数变化的曲线图((a)参数 LC, (b)参数 GCV)

对应于 No regularization)有高度振荡现象. 虽然使用 LC-DSVD, LC-TR 和 GCV-TR 求解得到的平均相对误差比没有正则化方法结合的边界节点法平均降低了一个精度, 然而解的误差收敛曲线有较好的稳定性. GCV-TSVD 和 GCV-DSVD 两种正则化方法与没有正则化结合的边界节点法结果类似. 值得注意的是, LC-TSVD 对于本算例给出的结果误差收敛曲线振荡现象更严重, 部分结果甚至出错.

对应于图 3.1, 图 3.2 显示了插值系数矩阵的条件数随着边界节点数增加的曲线图. 可以看出当边界节点数 $N > 22$ 时, 插值系数矩阵的条件数在 $\mathrm{Cond}(Q) \approx 10^{18}$ 附近波动. 这一现象可以部分地用来解释图 3.1 中边界节点法误差收敛曲线的振荡现象, 同时也表明: 使用 LC-DSVD, LC-TR 和 GCV-TR 三种正则化可以消除这种振荡现象.

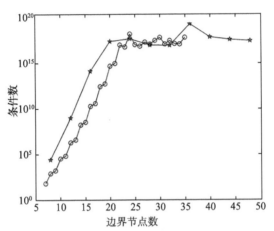

图 3.2　算例 3.4.1 的条件数 o 和算例 3.4.2 的条件数 ★ 曲线图

3.4.2　方形区域分析

由于修正 Helmholtz 方程与一般的 Helmholtz 方程的性质有些差别, 因此, 本算例中考虑正方形区域上的波数 $\lambda=1$ 的修正 Helmholtz 定解问题:

$$\nabla^2 u(x,y) - u(x,y) = 0, \quad (x,y) \in \Omega \tag{3-28}$$

$$u(x,y) = ye^x + x\cosh y, \quad (x,y) \in \Gamma_D \tag{3-29}$$

$$\frac{\partial u(x,y)}{\partial n} = \frac{\partial \left(ye^x + x\cosh y \right)}{\partial n}, \quad (x,y) \in \Gamma_N \tag{3-30}$$

其中在 $x=1, y=1$ 两边上为第一类边界条件, 其余两边 $x=0$, $y=0$ 为第二类边界条件.

平均相对误差 RMSE 与边界节点数的关系图如图 3.3 所示. 类似于算例 3.4.1 的 Helmholtz 定解问题, 对于修正 Helmhotz 定解问题, 边界节点法的误差收敛曲线仍然存在振荡现象. 可以看出, GCV-TR 给出的误差收敛曲线远好于没有正则化结合的边界节点法, 并且 GCV-TR 给出的精度甚至高于边界节点法. GCV-DSVD 对应的收敛曲线也同样非常光滑, 但收敛性比 GCV-TR 较差. 虽然 LC-DSVD 和 LC-TR 在算例 3.4.1 中结果较好, 在本算例中当边界节点数 $N < 25$ 时仍有振荡现象; 当 $N > 25$ 时收敛曲线比没有正则化结合的边界节点法收敛曲线较光滑, 但同时也降低了求解精度.

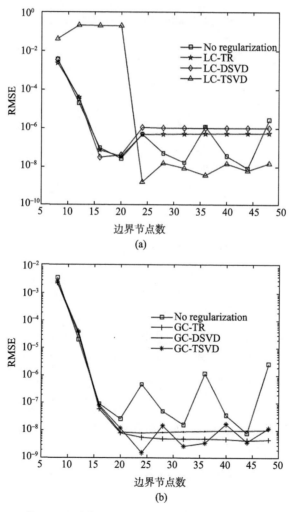

图 3.3　算例 3.4.2 的 RMSE 随着边界节点数变化的曲线图((a)参数 LC, (b)参数 GCV)

相应于平均相对误差图 3.3, 插值系数矩阵的条件数与边界节点数的关系如图 3.2 所示. 当边界节点数 $N < 22$ 时, 本算例求解的修正 Helmholtz 定解问题比算例 3.3.1 的 Helmholtz 定解问题高 4 个精度, 对应的条件数也随之增加了 4 个精度. 然而当边界节点数 $N > 22$ 时, 精度相差较大但插值系数矩阵条件数相差不大.

3.4.3 三角形区域分析

这里我们考虑等边三角形区域(图 3.4)上混合边界条件下的高波数 Helmholtz 定解问题. 波数取为 $\lambda=100$, 底边 $x = 0$ 上为第二类边界条件, 其余为第一类边界条件. 为方便起见, 考虑解析解

$$u(x, y) = \sin(100x) + \cos(100y) \tag{3-31}$$

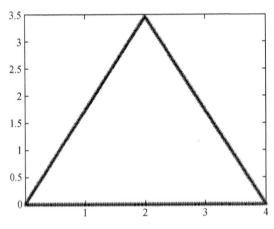

图 3.4   算例 3.4.3 中等边三角形区域示意图

图 3.5 和图 3.6 分别给出了插值系数矩阵的平均相对误差和条件数随着边界节点数增加的变化图. 与前两个低波数算例相比, 本算例用更多的边界节点才能达到与前面算例相同的精度. 同时可以看到, 对于高波数问题始终存在误差收敛曲线振荡问题, 并且比低波数问题振荡现象更严重. 图 3.5 表明基于 GCV 的三种正则化方法 GCV-TR, GCV-TSVD 和 GCV-DSVD 可以得到较好的收敛曲线, 且 GCV-TSVD 精度最高. 而基于 LC 的三种正则化方法 LC-TR, LC-TSVD, LC-DSVD 给出的结果甚至不合理.

图 3.6 表明高波数问题的条件数与算例 3.4.1 和算例 3.4.2 中的低波数问题类似, 然而求解结果比算例 3.4.2 中的结果低 4 个精度. 这表明修正 Helmholtz 方程比 Helmholtz 方程更稳定, 有较好的性质.

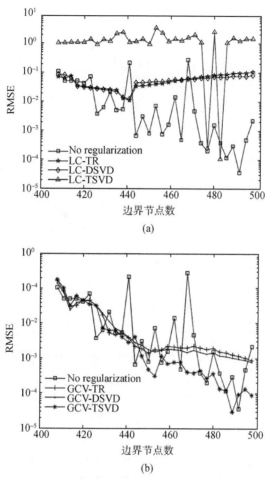

(a)

(b)

图 3.5 算例 3.4.3 的平均相对误差随着边界节点数变化的曲线图((a)参数 LC,(b)参数 GCV)

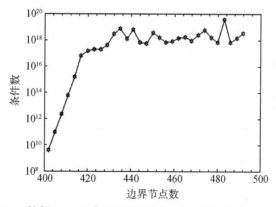

图 3.6 算例 3.4.3 的条件数对不同边界节点数的变化曲线图

3.4.4 不规则区域分析

本算例中我们考虑一个不规则区域上的 Helmholtz 定解问题, 示意图如图 3.7 所示. $x=0, y=0$ 两条边上为第二类边界条件, 其余为第一类边界条件. 解析解给定为

$$u(x,y) = \sin(3x)\sinh(2y) \tag{3-32}$$

对应的波数 $\lambda = \sqrt{5}$.

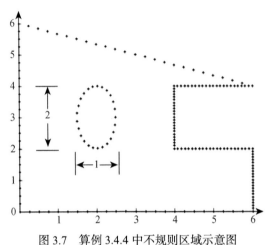

图 3.7   算例 3.4.4 中不规则区域示意图

图 3.8 和图 3.9 分别给出了平均相对误差和插值系数矩阵条件数随着边界节点数增加的曲线图. 从图 3.8 可以看出正则化方法 GCV-TSVD 求解精度最高, 但收敛曲线不稳定; GCV-TR 和 GCV-DSVD 得到的收敛曲线稳定性最好, 且 GCV-DSVD 求解精度相对较高, 两种正则化方法精度都比没有正则化结合的方法较高; 当边界节点数 $N<100$ 时, 正则化方法 LC-TSVD 收敛曲线振荡现象非常严重, 甚至出现错误结果, 当边界节点数 $N>100$ 时, 其收敛曲线稳定性较好, 且精度比没有正则化结合的结果高.

与前面算例结果比较, 尽管平均相对误差的收敛曲线图不同, 但插值矩阵条件数变化曲线图类似(图 3.9). 为了说明正则化方法对应的收敛曲线的稳定性, 我们用下表总结上述数值结果:

参数 正则化方法	TSVD	TR	DSVD
LC	★	★★	★★
GCV	★★★★	★★★★★	★★★

注: ★越多表示稳定性越好.

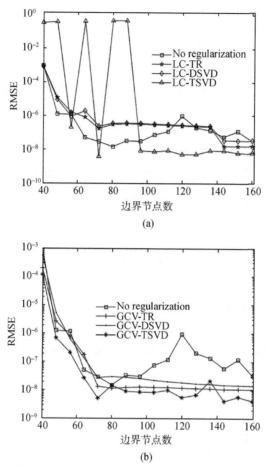

图 3.8　算例 3.4.4 的 RMSE 随着边界节点数变化的曲线图((a)参数 LC, (b)参数 GCV)

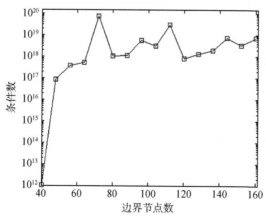

图 3.9　算例 3.3.4 的条件数对应的不同边界节点数变化曲线图

3.5　本章结论

上述算例表明, 如果用直接法如 Gauss 消去法求解边界节点法生成的插值系数方程组会导致解的收敛曲线出现振荡现象, 因而稳定性较差, 这种现象可归因于其高度病态的插值系数矩阵. 本章使用正则化方法与边界节点法结合, 可以消除高度病态的插值系数矩阵引起的解的收敛不稳定性问题. 正则化方法 GCV-TR 在上述所有算例中结果最好. 值得注意的是, 尽管 LC-TSVD 在求解反问题中应用较为广泛, 然而它不适用于求解本章所考虑的正问题. 对三维问题的分析, 我们将在第 4 章进行研究.

另外, 我们发现对于相同的矩阵条件数, 其对应的求解精度并不完全相同甚至相差甚远, 这表明条件数不足以用于描述问题的病态性, 因此我们在第 4 章引入有效条件数来刻画插值矩阵系统的病态性.

需要指出的是, 对于求解大规模产生的方程组也是病态的, 可以用目前较为流行的快速算法耦合求解[183,184]. 在后面的章节中, 我们对边界节点法求解 Helmholtz 控制方程边值问题用到的非奇异—一般解贝塞尔函数进行了研究, 推导了贝塞尔函数的快速多极展式, 并给出了快速多极边界节点法的主要算法步骤.

第4章 边界节点法的适用性研究

4.1 引　言

从前面章节可以知道，随着边界节点数的增加，边界节点法数值求解 Helmholtz 问题得到的插值系数矩阵条件数逐渐呈现高度病态现象. 此外, 对于处理测量或观察的不准确所引起的原始数据误差以及计算过程中产生的误差等原因得到的挠动数据, 病态矩阵可能导致解的巨大变化.

传统的 L^2 条件数通常用来衡量许多数值方法生成的插值系数矩阵的病态性, 许多研究指出尽管用较多的节点计算得到的 L^2 条件数非常大, 然而得到的数值结果却非常精确[185-187]. 在有些情况下, 当 L^2 条件数表明数值方法不可靠时, 我们仍然可以得到比较精确的数值结果. 这表明 L^2 条件数对这些数值方法的衡量是不准确的, 因此许多学者如加利福尼亚大学洛杉矶分校 Tony F. Chan 教授、台湾中山大学李子才教授等引入了与右端项相关的有效条件数[188-191].

最近, Drombosky 等将有效条件数引入基本解法的求解过程中, 研究了有效条件数和基本解法求解精度之间的关系[192]. 为了分析边界节点法插值系统的病态性, 本章对于边界节点法生成的代数方程组 $Q\xi = b$, 引入有效条件数来衡量边界节点法, 研究有效条件数和边界节点法求解精度的关系. 需要指出的是, 不同于 L^2 条件数, 有效条件数中引入了右端向量 b.

4.2 度量插值系数方程组的一种新标准

这里, 我们仍以边界节点法生成的插值系数方程组 $Q\xi = b$ 为例. 注意到矩阵 Q 的 L^2 条件数是该矩阵最大奇异值和最小奇异值的比值. 这在所有可能的右端向量 b 中是最理想的一种假设, 然而右端向量通常不是最理想的情况, 而含有一些噪声. 作为 L^2 条件数的一种替代方法, 本章研究了 Drombosky 等最近提出的有效条件数[192], 下面给出该有效条件数的详细说明.

插值系数方程组 $Q\xi = b$ 中非奇异 $N \times N$ 矩阵 Q 的 L^2 条件数定义为

$\text{Cond}(Q) = \|Q\| \cdot \|Q^{-1}\|$，也可以表示成 $\text{Cond}(Q) = \dfrac{\sigma_1}{\sigma_n}$，其中 $\|\cdot\|$ 表示矩阵的 2–范数，σ_1 和 σ_n 分别为矩阵 Q 的最大奇异值和最小奇异值.

　　实际工作中，原始观测数据有某种误差在所难免，因此数据 b 可能含有部分挠动. 很明显，我们不能仅仅依赖于 L^2 条件数来预测边界节点法的数值模拟精度. 值得注意的是，边界节点法的求解精度很明显依赖于右端向量 b. 因为 L^2 条件数没有考虑右端向量的影响，因此与右端向量无关的稳定性分析是不合理的. 在许多应用中，b 依赖于所求解的问题且是固定的. 在这种情况下，我们希望研究依赖于具体问题的数据 b 与系统稳定性的关系，而不是理想情况下的数据. 因此我们考虑下面定义的有效条件数 ECN=ECN(Q,b) [192].

　　对于一个有挠动的矩阵系统

$$Q(\xi + \Delta\xi) = (b + \Delta b) \tag{4-1}$$

有

$$b = \sum_{i=1}^{N} \beta_i u_i \tag{4-2}$$

$$\Delta b = \sum_{i=1}^{N} \Delta\beta_i u_i \tag{4-3}$$

令 $\beta = [b_1, b_2, \cdots, b_N]^{\mathrm{T}} = U^* b$，$\Delta\beta = [\Delta b_1, \Delta b_2, \cdots, \Delta b_N]^{\mathrm{T}} = U^* \Delta b$（其中 U 为奇异值分解 $Q=UDV^{\mathrm{T}}$ 中的单位正交向量），则解可以用矩阵 Q 的逆矩阵来表示

$$\xi = Q^{-1}b := VD^{-1}U^{\mathrm{T}}b \tag{4-4}$$

$$\Delta\xi = Q^{-1}\Delta b \tag{4-5}$$

假定 $p \leq N$ 是满足 $\sigma_p > 0$ 的最大整数，则

$$D^{-1} = \text{Diag}(\sigma_1^{-1}, \sigma_2^{-1}, \cdots, \sigma_p^{-1}, 0, \cdots, 0) \tag{4-6}$$

因为 U 是正交的，所以有

$$\|\xi\| = \sqrt{\sum_{i=1}^{N}\left(\frac{\beta_i}{\sigma_i}\right)^2} \tag{4-7}$$

$$\|\Delta\xi\| = \sqrt{\sum_{i=1}^{N}\left(\frac{\Delta\beta_i}{\sigma_i}\right)^2} \leq \frac{\|\Delta b\|}{\sigma_N} \tag{4-8}$$

如果同时满足 $Q\xi = b$ 和 $Q(\xi + \Delta\xi) = (b + \Delta b)$，那么

$$\frac{\|\Delta\xi\|}{\|\xi\|} = \mathrm{Cond}(Q)\frac{\|\Delta b\|}{\|b\|} \tag{4-9}$$

将式(4-7)和式(4-8)代入不等式(4-9)，可得取代 L^2 条件数的有效条件数

$$\mathrm{ECN}(Q,b) = \frac{\|b\|}{\sigma_N\sqrt{\left(\dfrac{\beta_1}{\sigma_1}\right)^2 + \cdots + \left(\dfrac{\beta_N}{\sigma_N}\right)^2}} \tag{4-10}$$

关于有效条件数的其他定义可以参阅其他文献[188-191]. 4.3 节可以通过数值算例研究有效条件数和边界节点法求解精度的关系.

4.3　数值结果与讨论

为了研究边界节点法生成的插值系数方程组的有效条件数 ECN=ECN(Q,b) 和数值模拟精度之间的关系，我们考虑边界节点法求解 Helmholtz 和修正 Helmholtz 方程定解问题. 这里我们引入了噪声的影响，噪声和一般信号不同. 噪声是一种不需要的声音，它干扰系统的正常功能，同时又是不可避免的. 一般信号可以用一个确定的函数来描述，而噪声却不能用一个预先确定的函数来描述，只能通过观测来得到它的随机变化规律，所以噪声是一个随机过程. 在统计学里面，通常用一个随机函数来描述这种随机过程，本章将如下随机噪声数据添加到离散边界条件上

$$u = \bar{u} + \delta \tag{4-11}$$
$$q = \bar{q} + \delta \tag{4-12}$$

其中 $\bar{u}$ 和 $\bar{q}$ 分别是理想状态下边界条件 $u = \bar{u}$ 和 $q = \bar{q}$ 的边界值. 这里我们使用了 MATLAB 中[−1,1]范围内的标准随机生成函数 Rand，并令

$$\delta = \varepsilon \times \mathrm{Rand} \tag{4-13}$$

这里 ε 表示噪声百分比(大小程度).

4.3.1　含噪声的二维 Helmholtz 方程定解问题

本算例中我们考虑椭圆型区域 $\Omega = \left\{(x,y): \dfrac{x^2}{4} + y^2 = 1\right\}$ 上的 Helmholtz 定解问题. 波数取为 $\lambda = \sqrt{2}$，对应的解析解

$$u = \sin x \cos y \tag{4-14}$$

插值系数矩阵 Q 仅由边界节点的分布来决定, 同时右端向量由第一类 Dirichlet 边界条件数据和强加的噪声百分比来决定. 因此增加的噪声仅仅对右端向量 b 有影响, 而与插值系数矩阵无关.

表 4.1 给出了边界节点数 $N = 30$ 且随机分布于椭圆区域上的检验点数 $N_t = 150$ 时, 有效条件数与最大绝对误差的关系. 可以看出有效条件数 ECN 随着最大绝对误差的增加而减小. 当边界数据加入一个微小的噪声后 $(\delta = 0.001)$, 有效条件数下降非常迅速同时求解精度降低了 4 个精度. 这表明微小数据的变化会造成问题求得的解产生很大的变动, 说明问题的解对原始数据是不稳定的或不连续依赖的, 其原因可归结于插值矩阵的高度病态性. 尽管表 4.1 中不同的噪声百分比对应的条件数完全相同, 然而其对应的最大绝对误差 ε_{max} 却大不相同.

表 4.1　含噪声的 Helmholtz 方程定解问题

噪声百分比	Cond	ECN	ε_{max}
0.0	2.74×10^{17}	4.87×10^{9}	5.37×10^{-8}
0.001	2.74×10^{17}	1.37×10^{5}	7.49×10^{-4}
0.005	2.74×10^{17}	2.04×10^{4}	5.60×10^{-3}
0.01	2.74×10^{17}	1.53×10^{4}	9.20×10^{-3}
0.05	2.74×10^{17}	1.76×10^{3}	6.40×10^{-2}
0.1	2.74×10^{17}	1.40×10^{3}	7.07×10^{-2}
0.5	2.74×10^{17}	1.94×10^{2}	5.67×10^{-1}

表 4.1 中的数据表明了有效条件数 ECN 和最大绝对误差 ε_{max} 之间的关系

$$\text{ECN}=O(\varepsilon_{max}^{-1}) \tag{4-15}$$

随着噪声百分比的增加, 这种关系逐渐变弱, 然而较小的有效条件数 $\text{ECN} \leq 10^3$ 完全可以用来表明边界节点法的求解精度不够精确. 由于仅仅改变了右端向量 b, 病态矩阵 Q 以及其他因素均为考虑, 因此我们可以从这一算例出发研究边界节点法生成插值系数方程组的有效条件数和其求解精度之间的关系.

4.3.2　含噪声的二维修正 Helmholtz 方程定解问题

这里我们考虑单位正方形区域 $\Omega=\{(x,y):0 \leq x,y \leq 1\}$ 上波数取为 $\lambda^2 = -2$ 的修正 Helmholtz 方程定解问题

$$\nabla^2 u(x,y) - 2u(x,y) = 0, \quad (x,y)\in \Omega \tag{4-16}$$

$$u(x,y) = e^{x+y}, \quad (x,y)\in \Gamma_D \tag{4-17}$$

$$\frac{\partial u(x,y)}{\partial n} = e^{x+y}\left(\cos\alpha + \sin\alpha\right), \quad (x,y)\in\Gamma_N \tag{4-18}$$

其中在 $x=1, y=1$ 两边上为第一类边界条件, 其余两边 $x=0$, $y=0$ 为第二类边界条件. 边界节点数 $N=116$, 随机分布于正方形区域上的检验点数 $N_t=900$.

　　有效条件数 ECN 和最大绝对误差 $\varepsilon_{\max}$ 之间的关系如表 4.2 所示. 可以看出对于混合边界下的修正 Helmholtz 方程定解问题, 有效条件数和最大绝对误差之间的关系 ECN=$O(\varepsilon_{\max}^{-1})$ 仍然成立. 对于没有噪声的情况, 本算例的有效条件数 ECN 与算例 4.3.1 中的有效条件数具有相同的阶数, 然而本算例中的 L^2 条件数比算例 4.3.1 中的 L^2 条件数高两个阶数. 类似于算例 4.4.1, 加入噪声后(百分比 $\varepsilon=0.001$), 有效条件数和最大绝对误差均发生较大变化. 随着加入噪声百分比的增加, 从表 4.2 可以看出有效条件数的每增加一个阶数, 相应的最大绝对误差的减小一个精度. 因此对于给定问题的求解, 我们可以用有效条件数来恰当地反映求解精度的变化, 进而刻画一种数值方法的有效性.

表 4.2　含噪声的修正 Helmholtz 方程定解问题

噪声百分比	Cond	ECN	$\varepsilon_{\max}$
0.0	1.72×10^{19}	3.08×10^{9}	9.24×10^{-7}
0.001	1.72×10^{19}	1.17×10^{5}	7.70×10^{-3}
0.005	1.72×10^{19}	4.92×10^{4}	7.90×10^{-2}
0.01	1.72×10^{19}	6.69×10^{4}	1.30×10^{-1}
0.05	1.72×10^{19}	6.99×10^{3}	4.93×10^{-1}

4.3.3　二维拟 Laplace 方程定解问题

　　我们知道 Laplace 控制方程没有非奇异一般解, 因此边界节点法不适用于求解 Laplace 方程定解问题. 如果波数取为 λ 足够小的情况下, (修正)Helmholtz 控制方程的非奇异一般解可以近似看作满足 Laplace 方程

$$\nabla^2 u(x,y)=\Delta u(x,y)=0, \quad (x,y)\in\Omega \tag{4-19}$$

本算例中我们考虑了非奇异一般解

$$\phi(X,Y)=I_0(\mu r), \quad x\in\mathbf{R}^2 \tag{4-20}$$

解析解取为

$$u(x,y)=1 \tag{4-21}$$

　　对于边界节点数 $N=40$ 以及随机分布于正方形区域上的检验点数 $N_t=100$, 不同的波数 λ 得到的数值结果如表 4.3 所示. 我们看到有效条件数 ECN 对于这种

近似求解得到的精度是一个非常好的度量工具.

表 4.3　拟 Laplace 方程定解问题

波数 λ	Cond	ECN	$\varepsilon_{\max}$
5.0×10^{-8}	3.31×10^{18}	8.80×10^{15}	1.78×10^{-15}
5.0×10^{-4}	5.57×10^{18}	9.56×10^{8}	2.98×10^{-7}
5.0×10^{-3}	1.34×10^{18}	1.69×10^{7}	2.38×10^{-6}
5.0×10^{-2}	3.54×10^{18}	1.42×10^{5}	1.70×10^{-3}

4.3.4　中波数 Helmholtz 方程定解问题

本算例研究了算例 4.3.2 中分析的中波数 Helmholtz 方程定解问题, 对比解析解取为波数 $\lambda = 20$ 下的

$$u(x, y)=\sin(20x)+\cos(20y) \tag{4-22}$$

检验点数 $N_t = 400$ 随机分布在正方形区域上. 这里我们希望研究边界节点数 N 的变化对有效条件数以及最大绝对误差的影响.

表 4.4 给出了边界节点数、有效条件数和最大绝对误差之间的关系. 当边界节点数 N=60 时, 对应于最大有效条件数 ECN=7.39×10^9 和最小的误差 $\varepsilon_{\max} = 2.38 \times 10^{-7}$. 同时边界节点数对应的 N=60 对应的 L^2 条件数 Cond $= 4.14 \times 10^{17}$ 也达到最大值. 当边界节点数 $N > 60$ 时, 最大绝对误差增加而有效条件数减小. 因此我们可以得到如下结论: 有效条件数可以用来决定最优的边界节点数来得到最好的求解精度.

表 4.4　中波数 Helmholtz 方程定解问题

N	Cond	ECN	$\varepsilon_{\max}$
44	1.61×10^{9}	5.92×10^{5}	8.80×10^{-3}
48	4.76×10^{11}	3.54×10^{6}	4.96×10^{-4}
52	2.00×10^{14}	2.74×10^{8}	6.43×10^{-5}
56	2.31×10^{16}	1.48×10^{9}	1.43×10^{-5}
60	4.14×10^{17}	7.39×10^{9}	2.38×10^{-7}
64	2.15×10^{17}	1.97×10^{9}	3.88×10^{-6}
68	7.77×10^{17}	4.82×10^{9}	5.19×10^{-6}

4.3.5　不规则区域 Helmholtz 方程定解问题

我们考虑第 3 章中分析的不规则区域(图 4.1)上的 Helmholtz 方程定解问题. 解析解取为算例4.3.1中波数 $\lambda = \sqrt{2}$ 对应的 $u = \sin x \cos y$. 设定 $x=0, y = 0$ 两条边上为第二

类边界条件, 其余为第一类边界条件. 检验点数 $N_t = 210$ 随机分布在不规则区域上.

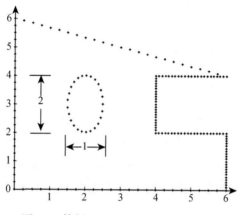

图 4.1　算例 4.3.5 中不规则区域示意图

　　如果假定求解实际中的数据没有噪声是不合理的, 当噪声百分比足够小时, 我们可以将其近似看作没有噪声的数据来处理. 另一方面, 当噪声百分比较大时, 需要结合第 3 章介绍的正则化方法求解. 当边界数据没有噪声影响时, 用边界节点数 $N=41$ 得到最小的误差 $\varepsilon_{\max} = 1.42 \times 10^{-5}$ 以及有效条件数 ECN$=1.44 \times 10^9$. 值得注意的是, 有效条件数和最大绝对误差之间的关系与边界节点数的多少没有很明显的关系. 表 4.5 和表 4.6 分别分别给出了固定噪声百分比 $\varepsilon = 0.00001$ 和 $\varepsilon = 0.001$ 时, 有效条件数和最大绝对误差随边界节点数增加的关系. 表 4.6 中较小的有效条件数表明其对应的数值结果是不可靠的. 这种情况下, 我们需要引入正则化方法而不是直接用边界节点法求解[18,192].

表 4.5　固定噪声百分比 $\varepsilon = 0.00001$

N	Cond	ECN	$\varepsilon_{\max}$
25	1.05×10^{12}	3.06×10^5	4.13×10^{-2}
33	8.51×10^{16}	9.70×10^4	3.37×10^{-1}
41	3.77×10^{17}	9.25×10^4	1.04×10^{-1}
49	5.28×10^{17}	2.04×10^5	1.35×10^{-2}

表 4.6　固定噪声百分比 $\varepsilon = 0.001$

N	Cond	ECN	$\varepsilon_{\max}$
25	1.05×10^{12}	5.68×10^3	2.32
33	8.51×10^{16}	1.33×10^3	16.10
41	3.77×10^{17}	2.18×10^3	3.20
49	5.28×10^{17}	9.57×10^2	5.52

4.3.6 三维 Helmholtz 方程定解问题

这里我们考虑正方体 $\Omega=\{(x,y):0\leq x,y,z\leq 1\}$ 中的 Helmholtz 方程定解问题

$$\nabla^2 u(x,y,z)+\lambda^2 u(x,y,z)=0,\quad (x,y,z)\in\Omega \tag{4-23}$$

$$u(x,y,z)=\sin x\cos y\cos z,\quad (x,y,z)\in\Gamma \tag{4-24}$$

其中波数 $\lambda=\sqrt{3}$.

图 4.2 给出了随着边界节点数的增加, 不同正则化方法对应的平均相对误差的收敛曲线图. 可以看到, 边界节点法的平均相对误差曲线随着边界节点数的增加变化较大. 该现象与传统的观点矛盾, 即: 越多的精确数据对应于越好的数值结果[194]. 这种矛盾的产生可以归因于高度病态的矩阵条件数($\approx 10^{20}$), 如图 4.3 所示.

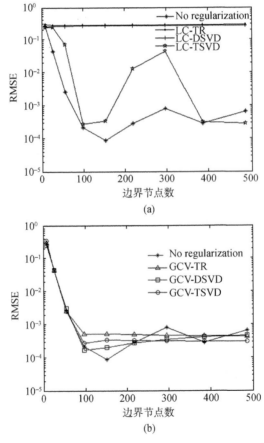

图 4.2　算例 4.3.6 中的平均相对误差曲线图((a)参数 LC, (b)参数 GCV)

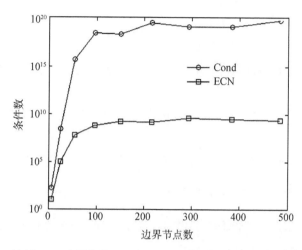

图 4.3 算例 4.3.6 中的条件数和有效条件数随着边界节点数的变化曲线

当加入正则化方法处理之后, 基于 LC 参数选择的三种正则化方法 LC-TSVD, LC-DSVD 和 LC-TR 得到的结果比没用正则化的结果甚至更差. 然而, 基于 GCV 参数选择的三种正则化方法 GCV-TSVD、GCV-DSVD 和 GCV-TR 给出的结果较好, 其中 GCV-TR 对应的求解结果最好. 该结论与第 3 章中的二维 Helmholtz 方程定解问题类似[18]. 边界数据加入噪声之后, 对于边界节点数 $N = 152$, 表 4.7 给出了不同噪声对应的有效条件数以及平均相对误差. 添加一个微小的噪声 $\varepsilon = 1.0 \times 10^{-5}$ 之后, 有效条件数迅速下降并且求解精度变得非常差(RMSE $= 1.14 \times 10^{0}$). 这表明三维算例插值系统的病态性比二维算例[139]的病态性更严重. 尽管表 4.7 中的条件数都相同, 不同的噪声对应的平均相对误差差异较大.

表 4.7　边界节点数 $N = 152$ 对应的算例 4.3.6

噪声百分比	0.0	1.0×10^{-8}	1.0×10^{-7}	1.0×10^{-6}	1.0×10^{-5}
Cond	2.39×10^{18}	2.39×10^{18}	2.39×10^{18}	2.39×10^{18}	2.39×10^{18}
ECN	1.38×10^{9}	9.60×10^{7}	9.87×10^{6}	9.90×10^{5}	9.90×10^{4}
RMSE	8.81×10^{-5}	1.20×10^{-3}	1.15×10^{-2}	1.14×10^{-1}	1.14×10^{0}
LC-TR	2.86×10^{-1}	2.86×10^{-1}	2.54×10^{-4}	2.86×10^{-1}	1.18×10^{-2}
LC-DSVD	2.69×10^{-1}	2.69×10^{-1}	6.51×10^{-4}	2.69×10^{-1}	6.40×10^{-3}
LC-TSVD	3.38×10^{-4}	4.51×10^{-4}	8.00×10^{-3}	2.80×10^{-3}	7.24×10^{-2}
GCV-TR	5.16×10^{-4}	4.96×10^{-4}	2.54×10^{-4}	9.00×10^{-3}	9.70×10^{-3}
GCV-DSVD	1.99×10^{-4}	2.27×10^{-4}	4.82×10^{-4}	8.60×10^{-3}	1.02×10^{-2}
GCV-TSVD	3.37×10^{-4}	1.76×10^{-4}	3.23×10^{-4}	8.50×10^{-3}	1.24×10^{-2}

从表 4.7 同样可以看出，有效条件数和平均相对误差之间的关系 ECN=O(RMSE^{-1}) 比二维空间中的情况更严格[139]. 随着噪声的增加，这种关系变得越来越弱，但有效条件数(ECN $< 10^5$)足以用来表明边界节点法的求解精度不够精确.

对于不同的噪声，基于 GCV 参数选择的三种正则化方法 GCV-TR、GCV-TSVD 和 GCV-DSVD 以及 LC-TSVD 比没有正则化结合的边界节点法高两个精度. 然而，基于 LC 参数选择的另外两种正则化方法 LC-TR 和 LC-DSVD 结果较差.

4.3.7 三维修正 Helmholtz 方程定解问题

作为本章的最后一个算例，考虑单位球 $\Omega=\left\{(x,y,z)\,|\,x^2+y^2+z^2\leqslant 1\right\}$ 上的修正 Helmholtz 方程定解问题中的 Helmholtz 方程定解问题

$$\nabla^2 u(x,y,z)-\lambda^2 u(x,y,z)=0, \quad (x,y,z)\in\Omega \tag{4-25}$$

$$u(x,y,z)=e^x+e^y+e^z, \quad (x,y,z)\in\Gamma \tag{4-26}$$

取波数 $\lambda=1$.

图 4.4 显示了随着边界节点数变化边界节点法的平均相对误差收敛曲线图. 数值结果表明基于 LC 参数选择的两种正则化方法 LC-DSVD 和 LC-TR 对应的平均相对误差较差，然而基于 LC 参数选择的正则化方法 LC-TSVD 平均相对误差曲线具有较好的光滑性. 尽管基于 GCV 参数选择的正则化方法对应的平均相对误差收敛曲线有小幅度振荡，与没有正则化方法结合的边界节点法相比，其稳定性及精度都有较好的改善.

对于固定的边界节点数 $N=100$，表 4.8 给出了有效条件数和平均相对误差对于不同的噪声变化结果. 当添加一个微小的噪声 $\varepsilon=1.0\times10^{-5}$ 时，有效条件数急剧下降. 然而求解精度仍然非常精确 RMSE $=3.67\times10^{-4}$. 这表明三维修正 Helmholtz 方程定解问题比二维问题敏感性较差. 需要指出的是，立方体区域问题比球型域问题的病态性更差. 令人迷惑不解的是，图 4.5 中的条件数和有效条件数均大于算例 4.3.7 中的条件数和有效条件数(图 4.2). 类似的是，有效条件数和平均相对误差之间的关系式 ECN=O(RMSE^{-1}) 仍然成立. 对于不同的固定噪声，数值结果表明基于 GCV 参数选择的正则化方法比没有正则化方法结合的精度更高. 不同于算例 4.3.7 中的情形，正则化方法 LC-TSVD 求解结果较差，而另外两种正则化方法 LC-TR 和 LC-DSVD 给出的结果较好.

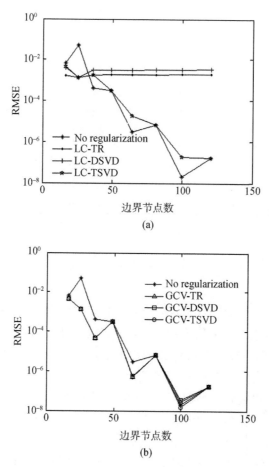

图 4.4　算例 4.3.7 中的平均相对误差曲线图((a)参数 LC, (b)参数 GCV)

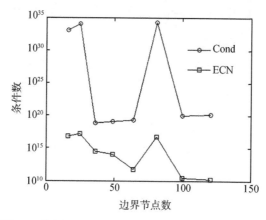

图 4.5　算例 4.3.7 中的条件数和有效条件数变化曲线

表 4.8   边界节点数 $N = 100$ 对应的算例 4.3.7

噪声百分比	1.0×10^{-5}	1.0×10^{-4}	1.0×10^{-3}	1.0×10^{-2}	1.0×10^{-1}
Cond	9.41×10^{19}	9.41×10^{19}	9.41×10^{19}	9.41×10^{19}	9.41×10^{19}
ECN	1.40×10^{5}	1.40×10^{4}	1.40×10^{3}	1.39×10^{2}	1.51×10^{1}
RMSE	4.61×10^{-4}	4.80×10^{-3}	4.79×10^{-2}	4.79×10^{-1}	4.79×10^{0}
LC-TR	1.90×10^{-3}	1.90×10^{-3}	1.90×10^{-3}	3.00×10^{-3}	5.24×10^{-2}
LC-DSVD	3.20×10^{-3}	3.20×10^{-3}	3.40×10^{-3}	7.30×10^{-3}	7.40×10^{-2}
LC-TSVD	2.81×10^{-6}	2.50×10^{-5}	2.49×10^{-3}	2.50×10^{-3}	2.49×10^{-2}
GCV-TR	2.98×10^{-6}	2.73×10^{-5}	3.57×10^{-4}	2.70×10^{-3}	1.85×10^{-2}
GCV-DSVD	3.00×10^{-6}	3.12×10^{-5}	3.22×10^{-4}	2.90×10^{-3}	2.02×10^{-2}
GCV-TSVD	2.95×10^{-6}	3.18×10^{-5}	3.65×10^{-4}	2.50×10^{-3}	1.81×10^{-2}

4.4 本 章 结 论

本章通过引入有效条件数来分析边界节点法的适用性, 数值结果表明: 对于边界节点法数值模拟生成的插值系数方程组, 有效条件数是一种优于 L^2 条件数的度量工具. 同时, 我们发现有效条件数和边界节点法的数值模拟精度之间存在潜在的关系, 也就是说, 边界节点法的求解精度与有效条件数成反比.

此外, 在解析解未知的情况下, 有效条件数作为一个度量工具可以反映边界节点法是否可以用来求解所考虑的问题, 甚至可以度量所需要的最优边界节点数. 对于噪声百分比非常小的情况, 我们可以将其看作没有噪声的理想状态考虑, 另一方面, 在噪声百分比过大的情况下, 需要引入一切恰当的正则化方法求解.

上面的结论仅仅通过数值试验得出, 理论分析证明需要进一步的深入研究. 对于边界节点法的延拓应用, 我们通过下面几章的反问题和非线性问题等进行讨论.

第 5 章 反问题及其应用

众所周知, 声信道具有复杂的空间变化的结构形式, 而声源声场的空间分布规律, 与介质环境因素密切相关. 同样的声源条件在不同环境下所形成的声场可以很不一样. 根据这一规律, 人们不仅需要通过掌握环境条件来分析有关声场的特点, 反过来, 如果已知声场的分布情况, 也可以求出相应环境因素的某些参数. 这也就是所谓的反问题(逆问题).

反问题起源于自然科学和工程技术各领域中待定未知参数的需要[195-198]. 数学物理方程的反问题大致可以归纳为五大类, 即源项识别反问题、边界条件反问题、初始条件反问题、系数反问题、边界形状反问题[199]. 其中边界条件反问题是研究最多的一种, 对于大多数边界型无网格方法, 许多研究人员已经成功求解了边界条件反问题[200,201], 而对于其他几类反问题的研究较少. 源项识别反问题是根据已知的分布来确定源项, 其作为微分方程反问题中的一个活跃分支, 有着重要的实际应用背景, 且它在 Hadamard 意义下是不适定的, 给求解其稳定的数值解带来了很大的困难, 因此这类问题在很长一段历史时期中没有引起人们的广泛兴趣. 直到20世纪50年代, 解释地球物理观测数据的迫切需要成为推动反问题研究的触发点, 使反问题引起人们的关注.

近半个世纪来, 系统控制、系统识别、遥感、资源勘探、大气测量、地下水、生物器官性态分析、疾病诊断、量子力学等自然科学和工程技术学科的发展把反问题的研究推进了一大步[202-204]. 起初, 各学科领域提出反问题的方式不同, 获得数据的手段各异, 因而求解反问题的方法也各具特色. 近年来, 不同学科相互渗透, 通过反问题研究的国际学术会议互相交流, 使反问题研究的理论和算法发展到新的阶段. 反问题正是基于上述情况而日益引起人们的重视. 特别是 1979 年反问题成果应用于医学上的技术获得诺贝尔医学奖以后, 更是在国际上掀起了研究反问题的高潮. 随后, 两种关于反问题的国际期刊 *Inverse Problems* 和 *Inverse Problems in Science and Engineering* 分别于 1985 年和 1994 年相继面世. 我国著名计算数学先驱、已故中国科学院院士冯康先生早在 20 世纪 80 年代初就大力提倡展开反问题数值解法的研究.

Jin 和 Zheng[89,133]将边界节点法用于求解齐次和非齐次 Helmholtz 控制方程反问题, 用基于 L 曲线参数的截断奇异值分解正则化方法反问题求解过程中的病态插值矩阵. 目前对于数值模拟源项反问题的研究较少, 相关的研究集中于边界元法[205,206]. 2007 年, Jin 和 Marin[203]利用基本解法提出了两种特殊的格式求解源项反问题, 这两种数值格式要求源项函数需要满足 Laplace 或 Helmholtz 方程, 因此具有较大的局限性.

基于上述分析, 本章首先简要介绍边界节点法数值模拟 Cauchy 反问题, 主要针对声波源项识别反问题, 利用边界节点法结合对偶互惠法提出了一种非常简单并且普遍适用的新型数值模拟格式——对偶边界节点法. 该方法中, 对偶互惠法用来逼近源项(即控制方程右端项或非齐次项), 边界节点法用来离散控制方程, 通过已知部分或者全部声场边界条件信息反演声源分布函数.

5.1 Cauchy 反问题的格式

假定 Ω 表示空间 $\mathbf{R}^d$ 中的单连通开区域, d 为空间维数, $\partial\Omega$ 为其边界. 以 Helmholtz 方程为例介绍 Cauchy 反问题的格式

$$(\Delta + \lambda^2)u(x, y) = 0, \quad (x, y) \in \Omega \tag{5-1}$$

其中 $\nabla^2 = \Delta$ 为 Laplace 微分算子, λ 为复数, 声学问题中表示声波波数. 当 $\lambda = it$ 为纯虚数时($i = \sqrt{-1}$ 为虚数单位), 可得修正 Helmholtz 方程

$$(\Delta - t^2)u(x, y) = 0, \quad (x, y) \in \Omega \tag{5-2}$$

本部分内容仅考虑 λ 为实数或者纯虚数的情形.

在 Cauchy 反问题中, 边界 $\partial\Omega$ 上的边界条件并非全部已知, 仅有部分边界 Γ_1 上的边界条件已知. Cauchy 反问题就是确定剩余未知边界 $\Gamma_2 = \partial\Omega - \Gamma_1$ 上的边界条件, 这就需要求解特定条件下的偏微分方程(5-1)

$$B_1 u(x, y) = f(x, y), \quad (x, y) \in \Gamma_1 \tag{5-3}$$

其中 Γ_1 为边界 $\partial\Omega$ 中已知的部分边界, B_1 为该已知边界上的线性算子. 例如, 对于 Dirichlet 边界条件, B_1 表示恒等算子, 对于 Neumann 边界条件, B_1 表示外方向导数. 该问题数学上为不适定问题, 这会导致解的不唯一性或者解的不存在性, 需要增加条件来求解. 通常有两种方法来增加条件.

格式一 在已知边界 Γ_1 增加另一种不同于(5-3)的边界条件

$$B_2 u(x, y) = g(x, y), \quad (x, y) \in \Gamma_1 \tag{5-4}$$

其中 B_2 为该已知边界 Γ_1 上不同于 B_1 的线性算子.

格式二 在区域 Ω 内部增加一些内点处的数据

$$u(x_i, y_i) = h(x_i, y_i), \quad (x_i, y_i) \in \Omega, \quad i = 1, 2, \cdots, n_a \tag{5-5}$$

其中 n_a 为所增加的总的内点数.

对于格式一, 已知边界 Γ_1 上有两类边界条件, 因此 Γ_1 为超定边界, 此为 Helmholtz 方程的 Cauchy 反问题. 对于两种格式来说, 边界 Γ_2 上的边界条件未知, 需要通过已知边界和增加的数据来求解.

根据边界节点法的原理, 问题的近似解 $u_N(X), X = (x, y)$ 可以表示为非奇异一般解的线性组合的形式

$$u_N(X) = \sum_{j=1}^{N} a_j \phi(X, Y_j), \ X \in \Omega \tag{5-6}$$

其中 $\phi(X, Y)$ 为控制方程的非奇异一般解, $Y_j, j = 1, 2, \cdots, N$ 源点, N 为总源点数. $a_j, j = 1, 2, \cdots, N$ 为待求系数.

对格式一利用配点法, 将(5-6)配置到边界条件(5-3)和(5-4)可得

$$B_1 \sum_{j=1}^{N} a_j \phi(X_i, Y_j) = f(X_i), \quad i = 1, 2, \cdots, N_1 \tag{5-7}$$

$$B_2 \sum_{j=1}^{N} a_j \phi(X_i, Y_j) = g(X_i), \quad i = N_1 + 1, \cdots, N_1 + N_2 \tag{5-8}$$

其中 N_1 和 N_2 分别表示已知边界 Γ_1 上的配点数和增加的边界点数.

同样, 对格式二利用配点法, 将(5-6)配置到边界条件(5-3)和(5-4)可得

$$B_1 \sum_{j=1}^{N} a_j \phi(X_i, Y_j) = f(X_i), \ i = 1, 2, \cdots, N_1 \tag{5-9}$$

$$\sum_{j=1}^{N} a_j \phi(X_i, Y_j) = h(X_i), \quad i = N_1 + 1, \cdots, N_1 + N_2 \tag{5-10}$$

在上面格式中, $X_i, i = 1, 2, \cdots, N_1$ 为已知边界 Γ_1 上的边界配点, $X_i, i = N_1 + 1, \cdots, N_1 + N_2$ 为区域内部增加的数据节点.

上述方程组可以写成矩阵的形式为

$$Qa = b \tag{5-11}$$

其中 $Q = Q_{ij}$ 为插值矩阵, $a = (a_1, a_2, \cdots, a_N)^{\mathrm{T}}$ 为未知系数. 对于格式一,

$$b = (f(X_1), f(X_2), \cdots, f(X_{N_1}), g(X_{N_1+1}), \cdots, g(X_N))^{\mathrm{T}} \tag{5-12}$$

$$A_{ij} = \begin{cases} B_1 \phi(X_i, Y_j), & i = 1, 2, \cdots, N_1, j = 1, 2, \cdots, N_2 \\ B_2 \phi(X_i, Y_j), & i = N_1 + 1, \cdots, N, j = 1, 2, \cdots, N_2 \end{cases} \tag{5-13}$$

对于格式一,

$$b = (f(X_1), f(X_2), \cdots, f(X_{N_1}), h(X_{N_1+1}), \cdots, h(X_N))^\top \qquad (5\text{-}14)$$

$$A_{ij} = \begin{cases} B_1\phi(X_i, Y_j), & i = 1, 2, \cdots, N_1, j = 1, 2, \cdots, N_2 \\ \phi(X_i, Y_j), & i = N_1 + 1, \cdots, N, j = 1, 2, \cdots, N_2 \end{cases} \qquad (5\text{-}15)$$

如果假定 $N_1 + N_2 = N$,可得 $N \times N$ 系数矩阵,否则需要满足 $N_1 + N_2 > N$,此时矩阵方程需用移动最小二乘求解. 需要指出的是,反问题的求解需要结合正则化方法,第 3 章我们介绍过正则化方法,因此本章不再赘述.

本节主要利用本节中的格式一考虑 Helmholtz 方程 Cauchy 问题.

5.2 Cauchy 反问题数值算例

要考虑的问题区域为圆形区域 $\Omega = \left\{(x_1, x_2) \mid x_1^2 + x_2^2 < 1\right\}$,不可测量部分边界为 $\Gamma_1 = \left\{(r, \theta) \mid r = 1, 0 \le \theta < 3\pi/2\right\}$,其中 (r, θ) 为平面极坐标.

算例 5.1 Ω 上的 Helmholtz 方程,$\mu = \sqrt{2}$. 解析解 $u(X)$ 取为

$$u(X) = \sin(x_1)\sin(x_2) \qquad (5\text{-}16)$$

算例 5.2 Ω 上的 Helmholtz 方程,$\mu = 1$. 解析解 $u(X)$ 取为

$$u(X) = \sin(\sqrt{2}x_1)\sinh(x_2) + \cos(x_2) \qquad (5\text{-}17)$$

算例 5.3 Ω 上的变形的 Helmholtz 方程,$\mu = \sqrt{2}$. 解析解 $u(X)$ 取为

$$u(X) = \sin(x_1)\cosh(\sqrt{3}x_2) + \cos(x_1)\sinh(\sqrt{3}x_2) \qquad (5\text{-}18)$$

计算时在 Γ_1 上配置点的数目为 20, 这些配置点同时应用于两种边界条件. 除可测量部分边界 Γ_1 上的 20 个配置点外, 在区域内部的一段弧 $\{(r, \theta) \mid r = 0.8, 0 \le \theta < 3\pi/2\}$ 上的 20 个点也取作源点以提高解的精度. 对于正问题, 取部分内点为源点可提高解的精度. 对反问题这一点也同样成立. 尽管我们没有给出无内点源点时的数值计算结果, 此时解的精度较差, 数据含噪声时尤是如此.

5.2.1   正则化方法的影响

本小节考察正则化方法是如何提高数值解的精度的. 考虑算例 5.1 数据含 $\varepsilon = 1\%$ 噪声的情形. 用 Gauss 消去法重构得到 Γ_2 上的 Dirichlet 边界条件见图 5.1. 观察该图可知, Gauss 消去法的结果是高度振荡的. 数值解的高度振荡是由于插值矩阵 A 中含有大量很小的奇异值和噪声的存在. 该问题插值矩阵的条件数为

9.02×10^{18}，与插值矩阵的规模相比巨大. 值得指出的是，用 LU 分解或者最小二乘法求解线性方程组所得到的解与 Gauss 消去法的计算结果也是高度振荡的. 因此数据含有噪声时标准方法无法给出有意义的解.

该问题的 L 曲线见图 5.1. 该曲线大致由两部分组成：垂直部分和水平部分. 直观地讲，垂直部分和水平部分分别对应于正则化过度和正则化不足. 在 L 曲线的拐角处解范数和残差范数之间达到了较好的折中，因此可以期望取对应的正则化参数作为最终的正则化参数是合理的. 在图 5.1 中，拐角处的正则化参数 $p = 10$.

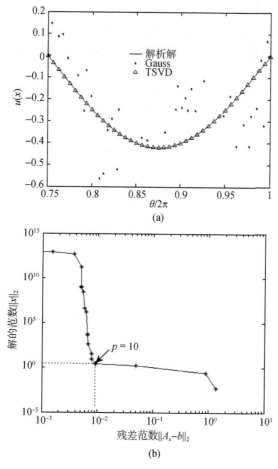

图 5.1　算例 5.1 数据含 1% 噪声时的数值解以及相应的 L 曲线

截断奇异值分解重构得到的 Dirichlet 型边界条件见图 5.1. 与 Gauss 消去法的计算结果相比，正则化方法的数值解精度高很多，实际上与解析解在图形上是重合的. 因此在数据中含有噪声时，正则化方法是得到比较准确的数值解的有效方法. 数值结果也说明了 L 曲线所估计的正则化参数也较好.

5.2.2　数值结果与讨论

数据精确时, 该方法是相当准确的. 考虑算例 5.1 数据精确的情形, 数值解与解析解之间的误差分布如图 5.2 所示. Dirichlet 型边界条件 $u(x)$ 和 Neumann 型边界条件 $\phi(x)$ 最大绝对误差分别接近 6.0×10^{-8} 和 2.0×10^{-7}. 数值解的高精度是由于边界节点法具有指数收敛性质. 因此很少一些配置点就足以得到具有所需要的精度的数值解. 线性方程组的规模比较小, 计算奇异值分解所需的额外计算量很小. 因此该计算方法计算效率很高.

算例 5.2 数据含有不同量噪声时的数值解如图 5.3 所示. 在噪声含量高达 $\varepsilon = 2\%$ 时, 数值解仍与解析解吻合得很好. 考虑到问题的不适定性, 这里的结果是相当令人满意的. 算例 5.3 我们可得到类似的结果, 如图 5.4 所示. 由图 5.3 和图 5.4 可知, 不可测量部分边界 Γ_2 上的 Dirichlet 型边界条件 $u(x)$ 和 Neumann 型边界条件 $\phi(x)$ 的数值解对数据噪声是稳定的, 并随着数据中噪声含量的减少收敛到解析解.

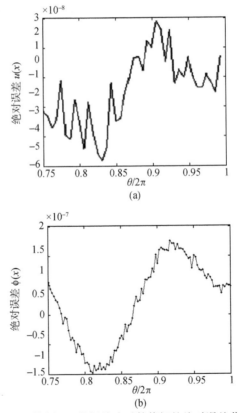

图 5.2　算例 5.1 数据精确时数值解的绝对误差分布

　　尽管这里我们只给出了光滑边界的结果, 该方法对于非光滑边界也是适用的. 对于非标准边界条件 如斜边界条件, 传统的方法 如有限元法和边界元法一般难以处理. 但是应用边界节点法可作同样处理. 需要强调的是, 对于这些更为困难的情况, 其编程量并没有任何变化. 这与传统的方法, 如有限元法和边界元法相比无疑是具有优势的.

　　因此边界节点法用于求解 Helmholtz 方程的 Cauchy 问题计算效率高, 对数据噪声稳定, 对复杂问题(复杂几何区域或者复杂边界条件)便于进行处理. 近似解及其导数在整个问题区域上通过简单而直接的函数求值即可得到.

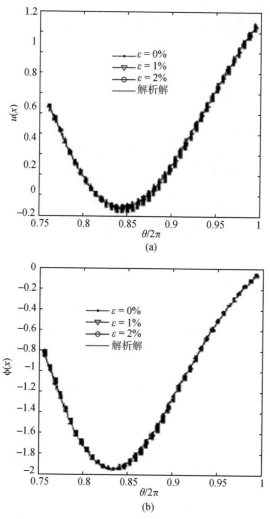

图 5.3　算例 5.2 数据含不同量的噪声时的数值解

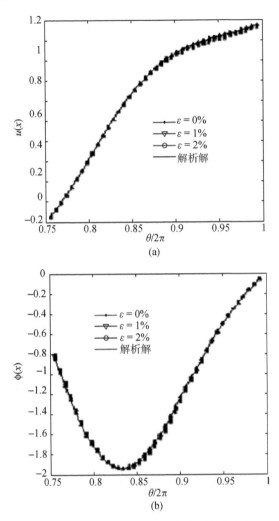

图 5.4　算例 5.3 含不同量的噪声时的数值解

5.3　源项反问题

5.3.1　源项反问题的数值计算格式

在忽略海水黏滞性和热传导的条件下，考虑存在连续声源分布时声场满足的非齐次 Helmholtz 控制方程定解问题

$$\nabla^2 u + \lambda^2 u = f, \quad \Omega \tag{5-19}$$

$$u = \bar{u}, \quad \Gamma \tag{5-20}$$

$$\frac{\partial u}{\partial n} = \bar{q}, \quad \Gamma \tag{5-21}$$

这里，$u=u(X)$ 是未知声场函数，场点 $X=(x,y)\in\Omega$，λ 为波数，$\bar{u}$ 和 $\bar{q}$ 分别为 $\Gamma\subset\partial\Omega$ 上的已知第一类和第二类边界条件，$f=f(X)$ 为待求源项分布函数.

基于特解法(Method of Particular Solutions, MPS)的基本思想，我们可以将定解问题(5-19)~(5-21)的解分解为一个齐次解 $u_h=u_h(X)$ 和一个特解 $u_p=u_p(X)$，即

$$u=u_h(X)+u_p(X) \tag{5-22}$$

这里，特解 $u_p=u_p(X)$ 满足 Poisson 方程

$$\Delta u_p(X)+\lambda^2 u_p(X)=f(X) \tag{5-23}$$

需要指出的是，除非方程(5-23)右端的 $f=f(X)$ 形式非常简单，否则在一般情况下很难得到解析的特解. 另一方面，即使可以得到某些问题的解析特解，特解的形式往往非常复杂，因而很难应用. 这就导致了数值近似的研究，其中对偶互惠法是一种非常有前景的近似方法[77]. 这里我们引入两种对偶互惠格式：间接对偶互惠法和直接对偶互惠法.

5.3.2　间接对偶互惠法

利用对偶互惠法可以将右端项 f 近似为一个基函数的线性组合形式

$$f(\cdot)\approx\sum_{l=1}^{N+L}\alpha_l\psi_l(\cdot) \tag{5-24}$$

上式中 N 和 L 分别表示边界节点数和内部节点数，$\alpha_l, l=1,2,\cdots,N+L$ 表示待求系数，ψ_l 表示一系列近似基函数. 对于一些选定的近似基函数 ψ_l，可以通过下式得到相应的特解函数 φ_l^*

$$F\varphi_l^*=\psi_l \tag{5-25}$$

这里，F 为偏微分方程算子. 这种格式与对偶边界元法类似[77,207]，这使得我们可以求解包括变系数方程在内的一大类微分方程. 在对偶边界元法中，仅把 Laplace 算子作为微分算子，其余微分算子项被移动到右端作为强制项(Forcing Term). 对偶边界元法是边界元法中一种非常流行并且有效的数值方法. 值得注意的是，对偶互惠法的求解精度受近似基函数 ψ_l 和内部边界节点数 L 及其分布的影响，这些将在随后的数值算例部分详细讨论.

径向基函数(Radial Basis Function)用于多元散乱数据点插值最早是由 Hardy 在 1968 年将其应用于地球物理领域中. 然而径向基函数在数学领域中并未受到重视，

直到 1982 年 Franke[208] 比较了多种径向基函数逼近方法, 得出了结论: MQ(Multiquadrics)和薄板样条(Thin Plate Splines, TPS)两种径向基函数为数值性能最好的两种方法. 1992 年, 美国康涅狄格大学 W.R. Madych 教授从理论上证实了 MQ 给出的数值模拟结果最好, 并且具有指数收敛的性质[209]. 常见的几种全局径向基函数包括

MQ:
$$\psi_l = \sqrt{r_l^2 + c^2} \qquad\qquad (5\text{-}26)$$

Reciprocal Multiquadrics(RMQ):
$$\psi_l = \frac{1}{\sqrt{r_l^2 + c^2}} \qquad\qquad (5\text{-}27)$$

Gaussians:
$$\psi_l = \exp(-cr_l^2) \qquad\qquad (5\text{-}28)$$

TPS:
$$\psi_l = r_l^{2\tau} \log r_l \qquad\qquad (5\text{-}29)$$

其中 c 是近似基函数的形状参数, τ 为整数, $r_l = \|X - X_l\|$ 表示点 X 和点 X_l 之间的欧几里得范数距离(Euclidean Norm Distance).

此外, 德国多特蒙德大学 M. D. Buhmann 教授[164]、复旦大学吴宗敏教授[163]和牛津大学 Holger Wendland 教授[162]分别提出了几种有系数矩阵稀疏、带状分布特点的正定紧支径向基函数

CSRBF1:
$$\psi_l = (1+d)_+^4 (4 + 16d + 12d^2 + 3d^3) \qquad\qquad (5\text{-}30)$$

CSRBF2:
$$\psi_l = (1+d)_+^6 (6 + 36d + 82d^2 + 72d^3 + 30d^4 + 5d^5) \qquad\qquad (5\text{-}31)$$

CSRBF3:
$$\psi_l = \frac{1}{3} + d^2 - \frac{4}{3}d^3 + 2d^2 \ln d \qquad\qquad (5\text{-}32)$$

CSRBF4:
$$\psi_l = \frac{1}{15} + \frac{19}{6}d^2 - \frac{16}{3}d^3 + 3d^4 - \frac{16}{15}d^5 + \frac{1}{6}d^6 + 2d^2 \ln d \qquad\qquad (5\text{-}33)$$

CSRBF5:
$$\psi_l = (1-d)_+^6 (3 + 18d + 35d^2) \qquad\qquad (5\text{-}34)$$

CSRBF6:
$$\psi_l = (1-d)_+^8 (1 + 8d + 25d^2 + 32d^3) \qquad\qquad (5\text{-}35)$$

其中 $d = \dfrac{r_l}{r_{ml}}$, r_{ml} 是定义在节点 X_l 处的径向基函数的支撑域半径, $(1+d)_+$ 定义为

$$(1+d)_+ = \begin{cases} (1-d), & 0 \le d \le 1, \\ 0, & \text{其他}. \end{cases} \qquad\qquad (5\text{-}36)$$

本章以 MQ(5-26)作为近似基函数为例来说明间接对偶互惠法. 对于 Laplace 算子 $F = \Delta$, MQ 函数对应的特解函数为

$$\varphi_l^* = \frac{1}{9}(4c^2 + r_l^2)\sqrt{c^2 + r_l^2} - \frac{1}{3}b^3 \ln(b + \sqrt{c^2 + r_l^2}) \tag{5-37}$$

但对于 Helmholtz 算子 $F = \Delta + \lambda^2$, MQ 函数对应的特解函数较难求得.

5.3.3　直接对偶互惠法

对于直接对偶互惠法, 特解的求解步骤与间接对偶互惠法恰好相反[211], 即, 我们将特解函数 φ_l^* 作为已知径向基函数. 通过直接求导可以得到相应的近似基函数 ψ_l. 换句话说, 我们假定特解已知, 通过求导来得到近似基函数. 由于间接对偶互惠法所对应的 Helmholtz 算子难于得到特解函数, 因此本章中我们使用直接对偶互惠法, 并选取 MQ 函数作为特解函数

$$\varphi_l^* = (r_l^2 + c^2)^{\frac{3}{2}} \tag{5-38}$$

对于 Helmholtz 算子 $F = \Delta + \lambda^2$, MQ 函数(5-38)对应的径向基函数 ψ_l 为

$$\psi_l = 6(r_l^2 + c^2)^{\frac{1}{2}} + \frac{3r_l^2}{\sqrt{r_l^2 + c^2}} + (r_l^2 + c^2)^{\frac{3}{2}} \tag{5-39}$$

利用(5-23)~(5-25)可得

$$u_p = \sum_{l=1}^{N} \varphi_l^* \alpha_l \tag{5-40}$$

5.3.4　对偶边界节点法的数值格式

利用方程(2-27)和(5-40), 定解问题(5-19)~(5-21)的解可以表示为

$$u_N(X) = \sum_{l=1}^{N} \alpha_l \varphi_l^*(X, Y_l) + \sum_{l=1}^{N} a_l \phi(X, Y_l) \tag{5-41}$$

为求得未知系数 α_l 和 a_l, 将边界条件(5-20)和(5-21)配置到 N 个配点可得

$$\bar{u}(X) = \sum_{l=1}^{N} \alpha_l \varphi_l^*(X, Y_l) + \sum_{l=1}^{N} a_l \phi(X, Y_l) \tag{5-42}$$

$$\bar{q}(X) = \sum_{l=1}^{N} \alpha_l \frac{\partial \varphi_l^*(X, Y_l)}{\partial n} + \sum_{l=1}^{N} a_l \frac{\partial \phi(X, Y_l)}{\partial n} \tag{5-43}$$

上两式写成矩阵形式为

$$A\beta = g \tag{5-44}$$

其中

$$A = \begin{bmatrix} \varphi_{1,1} & \varphi_{1,2} & \cdots & \varphi_{1,N} & \phi_{1,1} & \phi_{1,2} & \cdots & \phi_{1,N} \\ \vdots & \vdots & & \vdots & \vdots & \vdots & & \vdots \\ \varphi_{N_1,1} & \varphi_{N_1,2} & \cdots & \varphi_{N_1,N} & \phi_{N_1,1} & \phi_{N_1,2} & \cdots & \phi_{N_1,N} \\ \dfrac{\partial \varphi_{1,1}}{\partial n} & \dfrac{\partial \varphi_{1,2}}{\partial n} & \cdots & \dfrac{\partial \varphi_{1,N}}{\partial n} & \dfrac{\partial \phi_{1,1}}{\partial n} & \dfrac{\partial \phi_{1,2}}{\partial n} & \cdots & \dfrac{\partial \phi_{1,N}}{\partial n} \\ \vdots & \vdots & & \vdots & \vdots & \vdots & & \vdots \\ \dfrac{\partial \varphi_{N_2,1}}{\partial n} & \dfrac{\partial \varphi_{N_2,2}}{\partial n} & \cdots & \dfrac{\partial \varphi_{N_2,N}}{\partial n} & \dfrac{\partial \phi_{N_2,1}}{\partial n} & \dfrac{\partial \phi_{N_2,2}}{\partial n} & \cdots & \dfrac{\partial \phi_{N_2,N}}{\partial n} \end{bmatrix} \tag{5-45}$$

为 $N \times N$ 系数矩阵, $\beta = [\alpha\ a]^{\mathrm{T}}$ 为待求系数, $g = [\bar{u}\ \bar{q}]^{\mathrm{T}}$ 为已知边界条件生成的向量. 因此, 源项分布函数 f 可以通过(5-24)求得.

5.4   源项反问题数值算例

为了验证本章理论模型的正确性以及所编程序的可靠性, 我们在本节算例中对影响对偶边界节点法数值模拟结果的几个因素进行了分析, 包括: MQ 形状参数、内部节点数、可测边界数据和噪声的影响.

5.4.1   算例 5.4 圆域上的 Helmholtz 方程定解问题

为了与数值解比较, 我们将定解问题(5-19)~(5-21)的解析解取为

$$u(x, y) = x + \sin y \tag{5-46}$$

相应的源项分布函数

$$f(x, y) = x \tag{5-47}$$

这里, 检验点随机分布在圆域 $\Omega = \left\{ (x, y) \mid x^2 + y^2 \leqslant 1 \right\}$ 上, 总数为 $N_t = 2100$.

1. MQ 形状参数的影响

由于 MQ 在多种径向基函数中具有较好的性质[208, 211], 因此对于径向基函数 MQ 形状参数的研究一直是一个备受关注的问题[212, 213]. 由于形状参数是先验性的, 因此我们首先考虑 MQ 形状参数对数值结果的影响. 图 5.5 给出了当边界节点数和内部节点数分别为 $N = 10$ 和 $L = 3$ 时, 平均相对误差 RMSE 随着 MQ 形状参数变化的曲线图. 当 MQ 形状参数 $c \in (1,3)$ 时, 平均相对误差变化较大, 然而当 $c > 3$ 时, 平均相对误差逐渐减小, 同时减小速度逐渐变慢. 这说明当 MQ 形状参数越大时, 求解精度越高. 如无特殊说明, 本算例的以下分析中我们取 MQ 形状参数 $c=10$.

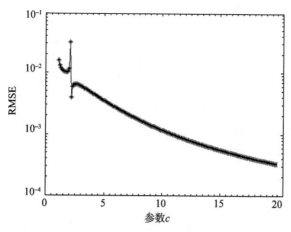

图 5.5 算例 5.4 中 MQ 形状参数的影响

2. 边界节点数的影响

随着边界节点数的增加, 图 5.6 给出了内部节点数 $L=3$ 时的平均相对误差曲线图. 可以看出, 对偶边界节点法的收敛结果较稳定. 当边界节点数 $N \geqslant 3$ 时随着边界节点数的增加, 求解精度有增加的趋势且收敛速度非常快, 然而当边界节点数 $N > 7$ 时, 求解精度基本保持不变($RMSE \approx 10^{-3}$). 因此本算例下面的分析中边界节点数取为 $N=7$.

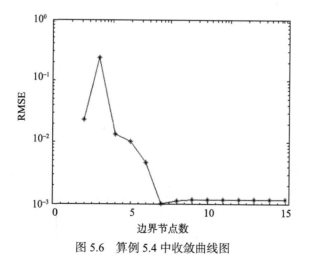

图 5.6 算例 5.4 中收敛曲线图

3. 内部节点数的影响

对于使用对偶互惠法求解非齐次问题, 通常会引入内部节点以提高数值求解精度[77], 因此我们对内部节点数的影响进行了分析. 当边界节点法 $N=7$ 时, 图 5.7、

图 5.8、图 5.9 和图 5.10 分别给出了源项分布函数(5-47)的解析等高线图、没有内部节点、内部节点 $L=2$ 和 $L=3$ 时的数值结果等高线图. 图 5.8 表明, 对于没有内部节点的数值模拟结果非常差. 当内部节点数 $L=2$ 时, 图 5.9 的数值模拟结果比没有内部节点的结果好, 但仍不能准确模拟源项分布函数(5-47). 当增加内部节点数 $L=3$ 时, 图 5.10 所示数值结果非常好, 其对应的平均相对误差 RMSE $=1.0\times10^{-3}$. 需要说明的是: 随着内部节点数的增加 $L>3$, 数值模拟精度的增加并不明显, 因此本章下面分析的算例中内部点均取为 $L=3$.

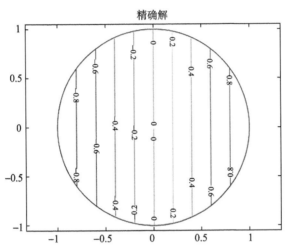

图 5.7　算例 5.4 中源项分布函数(5-47)的解析等高线图

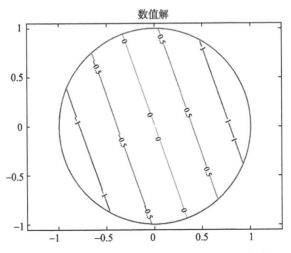

图 5.8　算例 5.4 中没有内部节点的数值结果等高线图

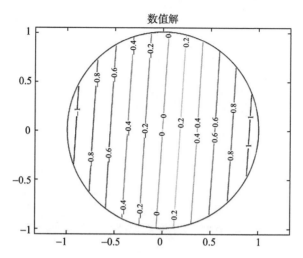

图 5.9　算例 5.4 中内部节点数 $L=2$ 对应的数值结果等高线图

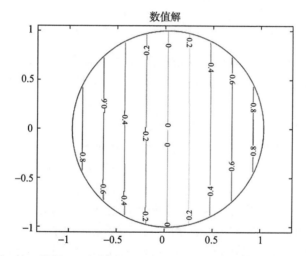

图 5.10　算例 5.4 中内部节点数 $L=3$ 对应的数值结果等高线图

4. 可测边界的影响

这里我们分析可测边界 $\Gamma_1 = \{(r,\theta) \mid 0 \leq \theta < \alpha\}$ 对对偶边界节点法的影响, 其中 $\alpha \in \left[\dfrac{\pi}{8}, 2\pi \right]$. 对于不同可测边界参数 α, 图 5.11 给出了数值模拟结果的变化图. 从图 5.11 中可以看出, 随着可测边界的增加, 数值模拟的精度大体上遵循传统的观点: 越多的已知数据对应于越高的精度. 当全部边界可测(给定)时, 数值模拟精度最高. 图 5.11 中的振荡现象表明, 部分可测边界可能引起定解问题的不适定性, 这样就需要引入正则化来处理.

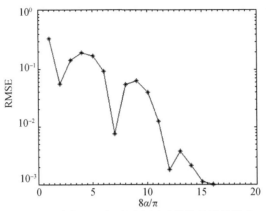

图 5.11 算例 5.4 中可测边界对数值结果的影响

5. 噪声敏感度分析

对于部分可测边界 $\Gamma_1 = \left\{ (r,\theta) \middle| 0 \le \theta < \dfrac{3\pi}{2} \right\}$，我们研究噪声在对偶边界点法求解中的敏感度分析. 可测边界上添加的随机噪声数据同式(4-11)和(4-12). 从第 4 章分析可知，当添加的噪声百分比较大时，需要引入正则化方法以求得合理的解. 因此，本例中使用第 3 章中分析得出的最好的正则化方法，即，基于广义交叉校验参数选择的 Tikhonov 正则化方法(GCV-TR).

表 5.1 给出了边界节点数 $N = 7$ 时，条件数(Cond)、有效条件数(ECN)、平均相对误差(RMSE)和正则化 GCV-TR 求解的平均相对误差关系表. 随噪声百分比变化的关系表. 类似于第 4 章的结论，随着噪声百分比的增加，有效条件数 ECN 逐渐减小而平均相对误差逐渐增加. 尽管表中的不同的噪声百分比对应的条件数完全相同，然而其对应的平均相对误差 RMSE 却大不相同. 当噪声百分比 $\delta = 0.2$ 时，对偶边界节点法给出了不准确的结果，而结合正则化方法 GCV-TR 得到的结果较好 4.05×10^{-2}.

表 5.1 算例 5.4 中的噪声敏感度分析

噪声百分比	Cond	ECN	RMSE	GCV-TR
0.0001	3.18×10^7	3.05×10^2	2.80×10^{-3}	2.50×10^{-3}
0.0005	3.18×10^7	2.96×10^2	7.10×10^{-3}	2.90×10^{-3}
0.001	3.18×10^7	2.83×10^2	1.26×10^{-2}	2.10×10^{-3}
0.005	3.18×10^7	1.91×10^2	5.73×10^{-2}	2.16×10^{-2}
0.01	3.18×10^7	1.76×10^3	1.13×10^{-1}	2.21×10^{-2}
0.05	3.18×10^7	1.40×10^3	5.60×10^{-1}	2.89×10^{-2}
0.1	3.18×10^7	1.94×10^2	1.12×10^0	4.05×10^{-2}

5.4.2　算例 5.5　圆域上的修正 Helmholtz 方程定解问题

基于上述分析, 我们分析圆域 $\Omega=\{(x,y)\mid x^2+y^2\leq 1\}$ 上的修正 Helmholtz 方程定解问题, 取

$$u(x,y)=e^{x+y}+\cos y \tag{5-48}$$

为其解析解, 对应的源项分布函数

$$f(x,y)=-3\cos y. \tag{5-49}$$

当边界节点数 $N=10$ 时, 图 5.12 为平均相对误差随着 MQ 形状参数变化的曲线图. 不同于 Helmholtz 方程定解问题, MQ 形状参数对对偶边界节点法数值模拟修正 Helmholtz 方程源项反问题求解精度影响较大. 当 MQ 形状参数 $c\in(1, 2.2)$ 时, 平均相对误差随着 MQ 形状参数的增加而增加; 当 $c\in(2.2, 2.5)$ 时, 平均相对误差随着 MQ 形状参数的增加而减小; 当 $c>2.5$ 时, 平均相对误差随 MQ 形状参数的增加而增加. 当 MQ 形状参数 $c=2.5$ 时平均相对误差最小, 即求解精度最高.

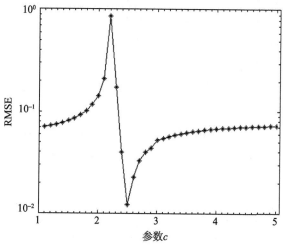

图 5.12　算例 5.5 中 MQ 形状参数的影响

对应于 MQ 形状参数 $c=2.5$, 图 5.13 给出了平均相对误差随着边界节点数增加的收敛曲线图. 从图 5.13 中可以看出, 随着边界节点数的增加平均相对误差逐渐减小. 当边界节点数 $N>7$ 时平均相对误差基本不变 $\text{RMSE}\approx 10^{-2}$. 值得注意的是: 本算例中的数值结果比算例 5.4 中的数值结果(图 5.6)低一个精度, 这可能是由于源项分布函数(5-49)比(5-47)更为复杂.

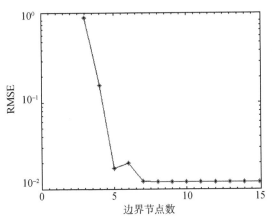

图 5.13　算例 5.5 中 MQ 形状参数的影响

5.4.3　算例 5.6　方形域上的 Helmholtz 方程定解问题

为了研究所分析区域对对偶边界节点法的影响, 我们考虑方形区域上的 Helmholtz 方程定解问题, 解析解

$$u(x, y) = e^x + \sin y \tag{5-50}$$

对应的源项分布函数

$$f(x, y) = 2e^x \tag{5-51}$$

图 5.14 给出了边界节点数 $N = 40$ 时 MQ 形状参数与对偶边界节点法求解所得平均相对误差之间的关系图. 随着 MQ 形状参数的增加, 平均相对误差(RMSE)总体处于减小趋势, 有间断性振荡现象. MQ 形状参数越小, 振荡现象越明显. 图中当 MQ 形状参数 $c = 4$ 时对应最小平均相对误差 RMSE $= 2.48 \times 10^{-5}$.

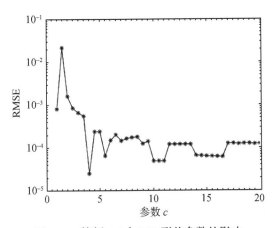

图 5.14　算例 5.6 中 MQ 形状参数的影响

对应于 MQ 形状参数 $c = 4$ 的平均相对误差收敛图如图 5.15 所示. 类似于上述算例的结论, 随着边界节点数的增加, 平均相对误差收敛曲线较为光滑. 当边界节点数 $N > 7$ 时, 收敛曲线变化不大.

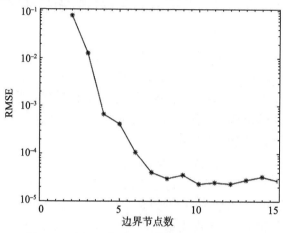

图 5.15　例 5.6 中的平均相对误差收敛曲线图

5.5　本章结论

本章首先简要介绍了边界节点法数值模拟 Cauchy 反问题, 通过若干数值算例给出了相应的数值模拟结果及讨论. 重点基于边界节点法和对偶互惠法, 本章提出了一种普遍适用的新方法——对偶边界节点法, 用已知边界条件数据反演源项分布函数. 数值结果表明该方法仅用较少的边界节点就可以稳定而有效地模拟源项反问题. 对于不同的定解问题, 对应的 MQ 形状参数相差较大, 需要先验性的估计. 对于有噪声的边界数据, 可以用基于广义交叉校验参数选择的 Tikhonov 正则化方法(GCV-TR)求解.

第6章 非线性问题的类边界节点法

一般而言，非线性问题颇难求得其解析解. 传统上，非线性问题解的表达形式取决于非线性方程的类型和所采用的解析方法，且级数解的收敛区域通常强烈依赖于物理参数. 当非线性变强时，非线性问题的解析近似往往失效[214]，因此关于非线性问题的数值模拟是计算科学领域的一个重点和难点，对于数值计算方法在求解此类问题中的研究受到广泛关注[215-218].

传统方法有 Adomian 分解法(Adomian Decomposition Method)、Lyapunov 人工小参数法和 δ 展开法等. 然而，这些方法也各有其缺点和不足，例如对参数的依赖性、级数解的收敛性问题、小参数难于选取等，这些限制了上述方法的应用. 为了克服这些缺点和不足，上海交通大学廖世俊于 1992 年发展了一种新的非线性分析工具——同伦分析方法(Homotopy Analysis Method, HAM)[214]. 该方法不依赖于某个参数，并且所获得的近似级数解的收敛性可以通过引入的辅助参数来控制和调节. 同伦分析方法理论相对较为复杂，因此雅典理工学院 John T. Katsikadelis 及其合作者在 1999 年提出了类方程法，并与边界元法结合求解了一大类非线性问题[218]. 基于基本解法，Wang 和 Qin 等[219]在 2006 年利用类方程法(Analog Equation Method, AEM)求解了功能梯度材料中的热传导非线性问题. Li 和 Zhu[220]将该方法应用于求解椭圆非线性问题. 然而基本解法中的虚假边界选取使得该方法在求解复杂区域问题是有一定的局限性. 并且对于不同的非线性问题，各种方法的适用性各不相同.

基于上述分析，本章结合类方程法和边界节点法提出了一种求解一般控制方程非线性问题的解析方法——类边界节点法(Analog Boundary Knot Method, ABKM). 由于边界节点法对求解 Helmholtz 控制方程问题有明显的优势，因此本章中的类方程方法采用了 Helmholtz 格式，消除奇异性的同时也避免了基本解法所需要的虚假边界.

6.1 边界节点法的数值格式

考虑二维平面区域 Ω 中的边值问题：

$$N(u) = f, \quad \Omega \tag{6-1}$$

$$B_1 u + B_2 q = g, \quad \Gamma \tag{6-2}$$

其中 $u=u(X)$, $X=(x,y)$ 是位置场函数, $q=q(X)=\dfrac{\partial u(X)}{\partial n}$,

$$N(u) = N(u, u_x, u_y, u_{xx}, u_{xy}, u_{yy}) \tag{6-3}$$

表示二维平面区域 Ω 上的一个二阶非线性微分算子, $B_i, i=1,2$ 和 $g=g(X)$ 分别为边界 $\Gamma=\partial\Omega$ 上的微分算子和边界条件, $f(X)$ 表示源项函数.

6.2 类 方 程 法

类方程法最早由雅典理工学院资深教授 John T. Katsikadelis 结合边界元法而提出, 之后对其进行了进一步的应用研究[221-224]. 由于类方程法中针对 Laplace 方程所用的基本解法具有奇异性, 因此本章利用边界节点法中 Helmholtz 方程对应的非奇异一般解推导类方程法.

本章推导的类方程法, 其基本原理与 Katsikadelis 教授提出的类方程法类似, 因此同样用该名称. 假定 $u=u(X)$ 为边值问题(6-1)-(6-2)的解, 并且在区域 Ω 上具有二阶连续导数. 因此用 Helmholtz 微分算子 $\Delta + I = \dfrac{\partial^2}{\partial x^2} + \dfrac{\partial^2}{\partial y^2} + I$ 作用于该函数可得

$$\Delta u(X) + u(X) = b(X) \tag{6-4}$$

其中 I 为恒等算子.

上式表明, 如果源项函数 $b(X)$ 已知, 那么方程(6-1)的解就可以用方程(6-4)结合边界条件(6-2)来求解. 源项函数 $b(X)$ 的建立是类方程法中的关键. 利用对偶互惠法, 我们可以将源项函数 $b(X)$ 用一系列基函数的线性组合来表示

$$b \approx \sum_{j=1}^{N+M} \alpha_j \varphi_j \tag{6-5}$$

这里, N 和 M 分别表示边界节点数和区域内部节点数, $\varphi_j = \varphi_j(X)$ 表示近似基函数, α_j 为待求未知系数.

6.3 特 解 法

特解法是求解非齐次边值问题中的的关键步骤[225-227]. 利用特解法可以将边值问题 (6-2)~(6-4)的解分解为齐次解 $u_h = u_h(X)$ 和非齐次方程的特解 $u_p = u_p(X)$, 即

$$u = u_h(X) + u_p(X) \tag{6-6}$$

其中 $u_p(X)$ 为满足非齐次方程的特解

$$\Delta u_p + u_p = \sum_{j=1}^{N+M} \alpha_j \varphi_j \tag{6-7}$$

该特解满足

$$u_p = \sum_{j=1}^{N+M} \alpha_j \psi_j \tag{6-8}$$

其中 ψ_j 是下面方程的特解

$$\Delta \psi_j + \psi_j = \varphi_j, \quad j = 1, 2, \cdots, N + M \tag{6-9}$$

上式中的径向基函数 φ_j 通常是预先给定的, 然后通过对 Helmholtz 算子积分求得相应的近似特解 ψ_j. 对于这一积分通常是非常烦琐甚至不可求的[228], 因此我们利用一种相反的方法来处理, 即预先给定上式中的近似特解 ψ_j, 因此可以用简单的微分求得相应的径向基函数 φ_j. 如果给定 φ_j, 那么就同时决定了方程(6-9)的特解.

本章研究中, 我们选择径向基函数 MQ 为近似特解 ψ_j[229](其他径向基函数可以类似推导)

$$\psi_j = (r_j^2 + c^2)^{\frac{3}{2}} \tag{6-10}$$

其中 c 是 MQ 形状参数, $r_j = \|X - X_j\|$ 表示点 X 和点 X_j 之间的欧几里得范数距离为欧几里得范数距离. 对应的径向基函数 φ_j 为

$$\varphi_j = 6(r_j^2 + c^2)^{\frac{1}{2}} + \frac{3r_j^2}{\sqrt{r_j^2 + c^2}} + (r_j^2 + c^2)^{\frac{3}{2}}. \tag{6-11}$$

齐次解 $u_h = u_h(X)$ 可以通过如下边值问题求解

$$\Delta u_h + u_h = 0, \quad \Omega \tag{6-12}$$

$$B_1 u_h + B_2 q_h = g - \left(B_1 \sum_{j=1}^{N+M} \alpha_j \widehat{u}_j + B_2 \sum_{j=1}^{N+M} \alpha_j \widehat{q}_j \right), \quad \Gamma \tag{6-13}$$

其中 $q_h = \dfrac{\partial u_h}{\partial n}$, $\widehat{q}_j = \dfrac{\partial \widehat{u}_j}{\partial n}$.

齐次边值问题(6-12)-(6-13)由前面章节中介绍的边界节点法来求解, 因此这里

不做重复介绍. 下面数值格式中直接采用了前面所介绍的公式, 仅对非齐次部分做了详细介绍.

6.4　数值格式实施

利用(6-6)、(6-8)和(2-27)可以将方程(6-4)的解表示为

$$u(X) = \sum_{j=1}^{N+M} \alpha_j \psi_j(X) + \sum_{j=1}^{N} \beta_j \phi(\|X - X_j\|) \tag{6-14}$$

根据类边界法, 边值问题(6-1)-(6-2)的近似解可以用式(6-14)来表示.

对式(6-14)求法向导数, 关于 x 和 y 方向分别求一阶和二阶导数可得

$$q(X) = \sum_{j=1}^{N+M} \alpha_j \psi_{j,n}(X) + \sum_{j=1}^{N} \beta_j \phi_n(\|X - X_j\|) \tag{6-15}$$

$$u_x(X) = \sum_{j=1}^{N+M} \alpha_j \psi_{j,x}(X) + \sum_{j=1}^{N} \beta_j \phi_x(\|X - X_j\|) \tag{6-16}$$

$$u_y(X) = \sum_{j=1}^{N+M} \alpha_j \psi_{j,y}(X) + \sum_{j=1}^{N} \beta_j \phi_y(\|X - X_j\|) \tag{6-17}$$

$$u_{xx}(X) = \sum_{j=1}^{N+M} \alpha_j \psi_{j,xx}(X) + \sum_{j=1}^{N} \beta_j \phi_{xx}(\|X - X_j\|) \tag{6-18}$$

$$u_{xy}(X) = \sum_{j=1}^{N+M} \alpha_j \psi_{j,xy}(X) + \sum_{j=1}^{N} \beta_j \phi_{xy}(\|X - X_j\|) \tag{6-19}$$

$$u_{yy}(X) = \sum_{j=1}^{N+M} \alpha_j \psi_{j,yy}(X) + \sum_{j=1}^{N} \beta_j \phi_{yy}(\|X - X_j\|) \tag{6-20}$$

其中 $\psi_{j,n}(X) = \dfrac{\partial \psi_j(X)}{\partial n}$, $\phi_n(\|X - X_j\|) = \dfrac{\partial \phi(\|X - X_j\|)}{\partial n}$.

将式(6-14), (6-16)~(6-20)代入方程(6-1), 并将其配置到 $N + M$ 个配点, 然后将边界条件(6-2)配置到 N 个边界节点上可以得到 $M + 2N$ 个方程组, 进而可以求解未知系数 α_j 和 β_j. 注意到边界条件(6-2)是线性的, 因此我们有 N 个线性方程组. 如果直接求解上述 $M + 2N$ 个方程组必然浪费一部分计算时间. 下面, 我们引入一种间接方法以节省计算时间.

将边界条件(6-2)施加到 N 个边界节点 $X_i(i = 1, 2, \cdots, N)$, 可以得到矩阵形式的方程组:

$$\left([B_1][K]+[B_2][K_n]\right)\{\alpha\}+\left([B_1][H]+[B_2][H_n]\right)\{\beta\}=\{g\} \tag{6-21}$$

其中 $B_1=B_1(X_i)$ 和 $B_2=B_2(X_i)$ 是 $N\times N$ 对角矩阵,$[K],K_{ij}=\psi_j(X_i)$ 和 $[K_n],K_{n,ij}=\psi_{n,j}(X_i)$ 是 $N\times M$ 矩阵,$[H],H_{ij}=u_d^*\left(\|X_i-X_j\|\right)$ 和 $[H_n],H_{n,ij}=u_{n,d}^*\left(\|X_i-X_j\|\right)$ 是 $N\times N$ 矩阵,$\{\alpha\}$ 和 $\{\beta\}$ 为未知系数向量.

求解方程(6-21)可得

$$\{\beta\}=\left([B_1][H]+[B_2][H_n]\right)^{-1}\left(\{g\}-\left([B_1][K]+[B_2][K_n]\right)\{\alpha\}\right) \tag{6-22}$$

然后将方程(6-14)施加到 M 个配点得到

$$\{u\}=\left[\bar{K}\right]\{\alpha\}+\left[\bar{H}\right]\{\beta\}\overset{\Delta}{=}[T]\{\alpha\}+\{f\} \tag{6-23}$$

这里,$\left[\bar{K}\right]$ 和 $\left[\bar{H}\right]$ 分别是 $(N\times M)\times(N\times M)$ 和 $(N\times M)\times N$ 矩阵. 矩阵

$$[T]=\left[\bar{K}\right]-\left[\bar{H}\right]\left([B_1][H]+[B_2][H_n]\right)^{-1}\left([B_1][K]+[B_2][K_n]\right) \tag{6-24}$$

$$\{f\}=\left[\bar{H}\right]\left([B_1][H]+[B_2][H_n]\right)^{-1}\{g\} \tag{6-25}$$

类似于上述原理,将式(6-18)~(6-22)施加到 M 个配点,有

$$\{u_x\}=[T_x]\{\alpha\}+\left[f_x\right] \tag{6-26}$$

$$\{u_y\}=\left[T_y\right]\{\alpha\}+\left[f_y\right] \tag{6-27}$$

$$\{u_{xx}\}=[T_{xx}]\{\alpha\}+\left[f_{xx}\right] \tag{6-28}$$

$$\{u_{xy}\}=\left[T_{xy}\right]\{\alpha\}+\left[f_{xy}\right] \tag{6-29}$$

$$\{u_{yy}\}=\left[T_{yy}\right]\{\alpha\}+\left[f_{yy}\right] \tag{6-30}$$

其中 $[T_x],\left[T_y\right],[T_{xx}],\left[T_{xy}\right]$ 和 $\left[T_{yy}\right]$ 都是 $M\times M$ 矩阵,$\left[f_x\right],\left[f_y\right],\left[f_{xx}\right],\left[f_{xy}\right]$ 和 $\left[f_{yy}\right]$ 为已知向量.

最后,将式(6-1)配置到配点 $X_i,i=1,2,\cdots,N+M$ 得到

$$\left\{N\left(\{u\},\{u_x\},\{u_y\},\{u_{xx}\},\{u_{xy}\},\{u_{yy}\}\right)\right\}=\{f\} \tag{6-31}$$

将式(6-23),(6-26)~(6-30)代入式(6-31),有如下矩阵形式的方程组

$$\left\{N\left(\{\alpha\}\right)\right\}=\{f\} \tag{6-32}$$

式(6-32)是包括 M 个非线性方程的非线性方程组,该方程组可以用迭代法来求解未知向量 $\{\alpha\}$. 然后将所求得 $\{\alpha\}$ 代入式(6-22)可以直接解出未知向量 $\{\beta\}$. 当未知

系数 $\{\alpha\}$ 和 $\{\beta\}$ 算出来以后，场函数 u 及其在区域 Ω 内任意点 X 处的导数值可以通过式(6-14)~(6-17)求得.

6.5　数值结果及讨论

与其他传统的数值方法一样，本章提出的类边界节点法在求解非线性问题中所采用的迭代算法是一个非常关键的步骤. 然而对于构造有效的迭代算法至今仍是一个有待研究的课题[230]. 求解非线性问题中最常用的迭代算法是牛顿迭代法(Newton's Method). 本章算例中，方程组(6-32)的求解使用了 MATLAB 中的非线性求解函数 'fsolve'. 如果(6-32)中的初值 $\{\alpha\}$ 与真实解相差较大，则可能导致'fsolve'不能很好地逼近精确解. 因此下面算例中，我们将分析初值对求解结果的影响.

利用上面的数值格式，研究了一个经典的非线性控制方程边值问题，如下[218]：

$$\Delta u + u_y^2 u_{xx} - 2 u_x u_y u_{xy} + u_x^2 u_{yy} - k\left(1 + u_x^2 + u_y^2\right)^3 = 0, \quad \Omega \tag{6-33}$$

$$u = g, \quad \Gamma \tag{6-34}$$

其中 k 为常数平均曲率.

为了说明类边界节点法对区域没有局限性，我们考虑一个不规则区域上的边值问题(6-33)-(6-34)，如图 6.1 所示. 常数平均曲率取为 $k = -\dfrac{\sqrt{2}}{5}$，相应的精确解为

$$u = \left(50 - x^2 - y^2\right)^{\frac{1}{2}} \tag{6-35}$$

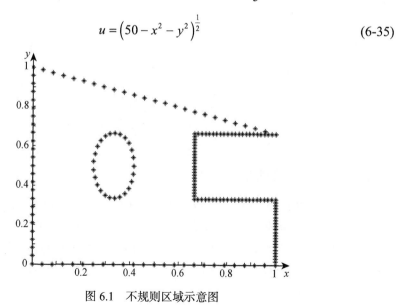

图 6.1　不规则区域示意图

检验类边界节点法数值模拟精度的平均相对误差 RMSE 同前面定义的 (2-60)~(2-62). 我们研究三个对影响类边界节点法有影响的因素, 即 'fsolve' 中的迭代初值选取、MQ 形状参数和内部节点数.

6.5.1 迭代初值选取的影响

由于 'fsolve' 中初始值选取在求解 $\{\alpha\}$ 过程中非常关键, 因此我们首先分析初始值对类边界节点法的影响. 假定初始值向量中所有初始值元素 $\alpha_i, i = 1, 2, \cdots, N + M$ 均相等. 对于固定 MQ 形状参数 $c = 1.2$, 边界节点数 $N = 105$ 且内部节点数 $M = 0$ 时, 图 6.2 描述了随着初始值 $\alpha_i, i = 1, 2, \cdots, N + M$ 在区间 $(0, 0.2)$ 中变化对数值结果的影响. 很明显可以看出, 初始值的选取对类边界节点法影响较大, 而且随着初始值的增加影响越大. 然而我们可以从图 6.2 中看出, 初始值 $\alpha_i = 0.04, i = 1, 2, \cdots, N + M$ 时对应的求解精度最好 RMSE = 0.013. 如果没有特殊说明, 下面的分析中我们将初始值固定为 $\alpha_i = 0.04, i = 1, 2, \cdots, N + M$.

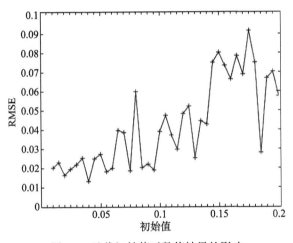

图 6.2   迭代初始值对数值结果的影响

6.5.2 MQ 形状参数的影响

从第 5 章知道, MQ 形状参数对数值结果也有较大的影响. 因此对于固定边界节点数 $N = 105$ 和内部节点数 $M = 0$, 图 6.3 给出了数值结果随着 MQ 形状参数在区间 $c \in (0, 3)$ 的变化曲线图. 从图 6.3 中可以看出, 当 MQ 形状参数 $c \in (0, 0.4)$ 时对数值结果几乎没有影响, 而当 $c \in (0.4, 3)$ 时对数值结果影响较大. 同时我们可以发现 MQ 形状参数 $c = 1.9$ 对应着最好的求解精度 RMSE = 0.012.

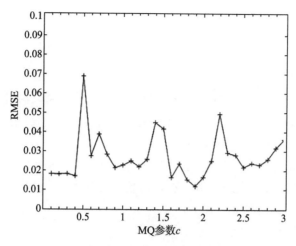

图 6.3　MQ 形状参数对数值结果的影响

6.5.3　内部节点数的影响

从第 5 章我们知道, 对于求解非其次线性控制方程边值问题, 引入内部节点可以增加数值求解精度. 因此我们需要分析内部节点数对非齐次非线性控制方程边值问题 (6-33)-(6-34)的影响. 对于不同的内部节点数 $M = 0$, $M = 3$, $M = 5$ 和 $M = 10$, 图 6.4 给出了平均相对误差随边界节点数增加的误差曲线图, 其中 MQ 形状参数取为 $c = 1.9$. 图中的数据表明, 没有内部节点的误差收敛曲线收敛性较好. 对于边界节点数 $N = 33$, 内部节点数越多, 对应的数值求解精度越高. 然而当边界节点数 $N > 33$ 时, 没有内部节点计算的数值结果比包括内部点的计算结果更好.

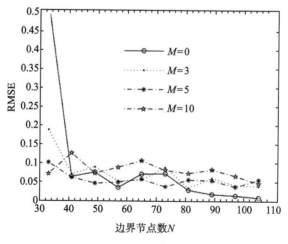

图 6.4　内部节点数对数值结果的影响

6.6 本 章 结 论

本章我们基于类方程法和边界节点法提出了一种求解一般控制方程非线性边值问题的解析方法——类边界节点法(ABKM). 通过一个不规则区域上的典型非线性边值问题分析了与类边界节点法相关的三个因素.

基于上述算例分析, 可以将类边界节点法优缺点归纳如下:

由于内部节点对于类边界节点法求解精度影响不大, 因此仅用边界节点就可以进行数值模拟, 该方法是一种;

纯粹的边界型无网格法;

类边界节点法可以非常容易地用于求解不规则区域问题;

对于求解控制方程非线性问题, 数值格式非常简单并且容易实施;

对于任意控制方程非线性问题, 仅需要 Helmholtz 方程的非奇异一般解;

与其他方法一样, 径向基函数 MQ 的形状参数以及所用 MATLAB 中的'fsolve'函数初始值选取对类边界节点法;

影响较大, 需要进行先验性的估计, 其理论证明需要进一步的研究;

类边界节点法可以很容易地推广到变系数微分方程边值问题的求解.

第7章　边界节点法的自适应算法研究

随着电子计算机的飞速发展和广泛应用, 数值分析方法已成为求解科学技术问题的主要工具, 在科学技术的各个领域都起着十分重要的作用. 传统的数值方法(有限元法、有限差分法、边界元法等)在实际问题处理中依赖于网格和积分, 计算精度和收敛性较低, 对于高维问题和大规模问题中涉及的自适应算法与技术的实现比较困难, 导致计算的不便.

边界配点型无网格法在数值模拟过程中消除了网格和积分的依赖性, 仅需要物理边界节点的信息和径向基函数来逼近函数表达, 具有较高的计算精度, 便于自适应算法的实现和高维问题的数值求解. 由于传统边界配点型无网格法对于边界配点、源点多为随机选取, 其相应配点和源点数目仅仅依赖于数值模拟经验. 关于边界配点的选取, 以往的研究包括贪心算法(Greedy Algorithms)[232-234].

边界节点法的另一个优势是影响数值模拟结果的参数较少, 本章将自适应算法引入边界节点法数值模拟中, 利用有效条件数的结果分析边界配点数目、源点数目的选取对边界节点法数值模拟结果的影响, 寻求最优数值模拟结果. 通过不同的问题给出自适应算法的结果, 当边界节点法对某些问题不适用时, 有效条件数会提示改用其他数值方法.

7.1　传统边界节点法的基本思想

考虑如下二维椭圆型偏微分方程边值问题

$$Lu(x, y) = 0, \quad (x, y) \in \Omega \tag{7-1}$$

$$u(x, y) = \bar{u}(x, y), \quad (x, y) \in \Gamma_D \tag{7-2}$$

$$\frac{\partial u(x, y)}{\partial n} = \bar{q}(x, y), \quad (x, y) \in \Gamma_N \tag{7-3}$$

其中 L 为偏微分方程算子, Helmholtz 方程 $L = \dfrac{\partial^2}{\partial x^2} + \dfrac{\partial^2}{\partial y^2} + \lambda^2$, 以及修正 Helmholtz(Modified Helmholtz)方程 $L = \dfrac{\partial^2}{\partial x^2} + \dfrac{\partial^2}{\partial y^2} - \lambda^2$, λ 为波数, $\bar{u}(x, y)$ 为给定的第一类边界条件, $\bar{q}(x, y)$ 为给定的第二类边界条件. 边界满足 $\Gamma_D \bigcup \Gamma_N = \partial\Omega$ 且

$\Gamma_D \bigcap \Gamma_N = \varnothing$.

以 Helmholtz 方程为例, 边界节点法的基本思想是以控制方程的非奇异一般解 $L(r) = J_0(\lambda r)$ 作为插值径向基函数, 将边值问题的解 u^r 近似为

$$u^r \approx u_N(Q_j) = \sum_{i=1}^{N} \alpha_i L(r_{ij}), \quad P_i \in \overline{\Gamma} \tag{7-4}$$

式中 $r_{ij} = \|P_i - Q_j\| = \sqrt{(x_i - x_j)^2 + (y_i - y_j)^2}$ 表示 $P_i = (x_i, y_i)$ 和 $Q_j = (x_j, y_j)$ 两点之间的欧氏距离, $\alpha_i (i = 1, 2, \cdots, N)$ 为待求未知系数.

将(7-4)式代入边界条件(7-2)–(7-3), 考虑 M 个边界配点 $\{X_1, X_2, \cdots, X_M\} \subset \partial\Omega$ 可以得到如下方程

$$\sum_{i=1}^{N} \alpha_i L(P_i, Q_j) = \overline{u}(X_j), \quad Q_j \in \Gamma_D, j = 1, \cdots, N_1 \tag{7-5}$$

$$\sum_{i=1}^{N} \alpha_i \frac{\partial L(P_i, Q_j)}{\partial n} = \overline{q}(X_j), \quad Q_j \in \Gamma_N, j = N_1 + 1, \cdots, M \tag{7-6}$$

其中 N_1 为第一类边界 Γ_D 上的配点数目, $M - N_1$ 为第二类边界 Γ_N 上的配点数目. 方程(7-5), (7-6)可改写成矩阵的形式

$$A\alpha = b \tag{7-7}$$

其中 A 为 $M \times N$ 插值系数矩阵, $A_{i,j} = L(P_i, P_j), j = 1, \cdots, N_1, A_{i,j} = \frac{\partial L(P_i, P_j)}{\partial n}, j = N_1 + 1, \cdots, N$, 右端向量 $b = \left(\overline{u}_1, \cdots, \overline{u}_{N_1}, \overline{q}_{N_1+1}, \cdots, \overline{q}_M\right)^T$, $\alpha = (\alpha_1, \cdots, \alpha_M)^T$ 为待求系数, T 为向量转置.

为了求得未知系数 α, 边界配点数目 M 应该等于或者大于边界源点数目 N, 进而可以得到 $N \times N$ 线性系统或者 $M \times N$ 超定系统. 得到未知系数 α 后, 通过方程(7-4)边界节点法可以给出区域内和区域边界任意点处的近似解. 该过程可以非常简单地推广到修正的 Helmholtz 方程. 传统的配点数目选取依赖于数值模拟经验并且配点数目和源点数目相等, 配(源)点的配置大都采用均匀分布或者近似均匀分布.

在第 4 章我们介绍过, 有效条件数(ECN)是一种优于传统 L^2 条件数的度量工具, 并且有效条件数和边界节点法的数值模拟精度(误差 ε)之间存在潜在的关系, 即: $\text{ECN} = O(\varepsilon^{-1})$ [139]. 其中

$$\text{ECN}(A, b) = \frac{\|b\|}{\sigma_{\min} \|\alpha\|} \tag{7-8}$$

$\sigma_{\min}$ 为插值矩阵 A 的最小非零奇异值. 关于有效条件数的更多详细介绍, 读者可参阅第 4 章的介绍和相关文献[188-191].

7.2　边界节点法的自适应算法

之前曾提到过如果有不确定性因素出现, 数值方法的精确解或者良好条件会消失[235]. 我们以往研究给出了有效条件数(ECN)和边界节点法数值模拟精度之间的关系, $\text{ECN} = O(\varepsilon_{\text{aae}}^{-1})$, 其中表示 ε_{aae} 边界节点法数值解和精确解的平均绝对误差. 因为有效条件数 ECN 依赖于插值矩阵 A, 因此也依赖于边界源点和边界配点的数目以及位置.

传统研究过程中, 边界源点和边界配点都是随机选取的, 这种随机性可能导致非常好的数值模拟结果也可能导致非常差的结果或者不正确的近似. 因此需要格外注意这些数值方法.

针对上述问题, 本章研究一种更实际的方法来解决边界节点法数值模拟过程中的近似最优边界点配置. 首先, 固定数值较大的边界配点数目 M, 后面的数值模拟结果会表明该选取的合理性, 然后按照某种规则(例如均匀分布)将边界源点配置到相同的物理区域的边界, 此时我们可以寻求近似最优边界配点数目 N.

通过有效条件数和边界节点法数值模拟精度的关系 $\text{ECN} = O(\varepsilon_{\text{aae}}^{-1})$ 表明最大的有效条件数 ECN 对应于最小的数值模拟误差. 为了研究方便, 该优化问题可以用有效条件数 ECN 的倒数的最优结果来代替. 该过程进行多次可以使近似最优结果更精确, 本章内容仅考虑三步搜求过程. 更具体的过程可以通过以下 NMN 搜求方法给出.

第一步, 固定边界配点数目 M, 对于不同的边界源点数目 N 我们寻求有效条件数 ECN 倒数的最小值, 即

$$N\text{-}\,\text{search:}\ \min_N \text{ECN}^{-1}(A, b)\quad \text{固定 } M. \tag{7-9}$$

第二步, 固定近似最优边界源点数目 N, 对于不同的边界配点数目 M 我们寻求有效条件数 ECN 倒数的最小值, 即

$$M\text{-}\,\text{search:}\ \min_M \text{ECN}^{-1}(A, b)\quad \text{固定 } N. \tag{7-10}$$

第三步, 固定近似最优边界配点数目 M, 对于不同的边界源点数目 N 我们寻求有效条件数 ECN 倒数的最小值, 即

$$N\text{-}\,\text{search:}\ \min_N \text{ECN}^{-1}(A, b)\quad \text{固定 } M. \tag{7-11}$$

运行上述三步可以保证得到的最小 ECN 对应的误差接近寻求的最优结果. 在该过程中, 仅有一个参数(N 或者 M)被作为变量, 其余参数全都固定不变, 通过目

标函数来寻求有效条件数 ECN. 众所周知, 当边界节点增加时, 插值矩阵通常是病态的. 为了避免烦琐的蛮力寻求过程, 我们采用了黄金比例搜索算法(Golden Section Search)来提供边界源点数目 N 的下界和上界值[236]. 结合有效条件数 ECN, 优化的边界节点法可以为更复杂的问题提供更可靠的数值模拟结果.

7.3　算 例 分 析

为了说明自适应优化算法的有效性, 我们下面考虑三个数值算例. 算例 1 考虑单连通矩形区域, 算例 2 考虑多联通圆环区域, 算例 3 考虑非常有趣的花生形状区域. 数值模拟结果的误差考虑区域内部误差($\mathrm{AAE}_{\mathrm{in}}$)和区域边界误差($\mathrm{AAE}_{\mathrm{bound}}$)两种情况, 其中

$$\mathrm{AAE} = \frac{1}{N}\sum_{j=1}^{N}\left|u_{\mathrm{exact}}(X_j) - u_{\mathrm{numerical}}(X_j)\right| \tag{7-12}$$

其中 $u_{\mathrm{exact}}(X_j)$ 为点 X_j 处的精确解, $u_{\mathrm{numerical}}(X_j)$ 为点 X_j 处边界节点法的近似解, N 为检验点总数.

7.3.1　算例 1

本算例选取单连通基本区域——正方形区域, 如图 7.1 所示. 考虑 Helmholtz 方程, 问题的精确解取为 $u(X) = \sin(\sqrt{2}x)\sinh(y) + \cos(y)$, 对应波数 $\lambda = 1$. 由于有效条件数 ECN 依赖于插值矩阵方程组的右端项 $b(Ax = b)$, 下面针对不同的边界条件给出相应的数值结果.

仅考虑第一类边界条件, 对于不同的初始源点数, 表 7.1 给出了 NMN 优化算法的结果. 从表 7.1 中可以看出即使对于较小的初始源点数目 $N = 10$, 近似最优源点数较大 $N_{\mathrm{opt}} = 253$. 同时, 如果有效条件数 ECN 较小, 对应的区域内部误差 ($\mathrm{AAE}_{\mathrm{in}}$)和区域边界误差($\mathrm{AAE}_{\mathrm{bound}}$)都较大. 当有效条件数 ECN $= 4.32 \times 10^2$ 较小时, 对应较大的区域内部误差 $\mathrm{AAE}_{\mathrm{in}} = 2.11 \times 10^{-2}$ 和区域边界误差 $\mathrm{AAE}_{\mathrm{bound}} = 2.11 \times 10^{-2}$. 然而传统的 L^2 矩阵条件数 Cond $= 1.57 \times 10^6$ 相对较大. 这也表明有效条件数可以作为衡量数值算法适用性的一个较好的指标(当有效条件数较小时, 数值模拟结果较差). 对于初始边界源点数 $N = 50$, 近似最优的边界源点数 $N_{\mathrm{opt}} = 136$, 有效条件数 ECN $= 2.84 \times 10^5$, 传统条件数 Cond $= 7.17 \times 10^{16}$, 区域内部误差 $\mathrm{AAE}_{\mathrm{in}} = 2.18 \times 10^{-4}$ 和区域边界误差 $\mathrm{AAE}_{\mathrm{bound}} = 5.28 \times 10^{-5}$. 当初始边界源点数较大时 $N > 50$, 近似最优边界源点数不相同, 但区域内部误差和区域边界误差几乎不变. 巨大的传统条

件数可以归于插值矩阵的病态性[18]. 此外，数值模拟精度和有效条件数的关系 $ECN = O(\varepsilon_{aae}^{-1})$ 仍然成立，而与传统条件数无关. 该算例结果表明对于本章的优化算法需采用较大的初始边界源点数，这与下一算例中的结果是一致的.

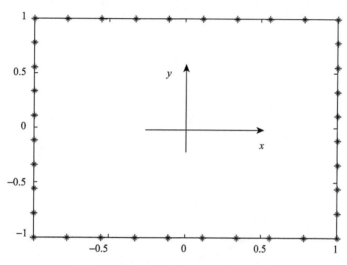

图 7.1 算例 1 中的正方形区域示意图

表 7.1 对于不同的初始源点数 N 在第一类边界条件下 NMN 优化算法的结果

初始源点数 N	近似最优源点数 N_{opt}	条件数 Cond	有效条件数 ECN	区域内部误差 AAE_{in}	区域边界误差 AAE_{bound}
10	253	1.57×10^6	4.32×10^2	3.48×10^{-2}	2.11×10^{-2}
50	135	7.17×10^{16}	2.84×10^5	2.18×10^{-4}	5.28×10^{-5}
80	226	1.06×10^{17}	3.04×10^5	1.30×10^{-4}	3.15×10^{-5}
100	123	3.77×10^{17}	4.89×10^5	1.87×10^{-4}	4.31×10^{-5}
120	121	4.37×10^{18}	1.66×10^6	2.18×10^{-4}	6.47×10^{-5}
250	253	2.65×10^{19}	1.74×10^7	1.91×10^{-4}	4.36×10^{-5}

仅考虑第二类边界条件时，表 7.2 给出了对于不同的初始源点数 NMN 优化算法的结果. 表 7.2 中数据表明近似最优源点数、区域内部误差、区域边界误差和有效条件数与仅考虑第一类边界条件时的结果非常相近.

表 7.2 对于不同的初始源点数 N 在第二类边界条件下 NMN 优化算法的结果

初始源点数 N	最优源点数 N_{opt}	有效条件数 ECN	区域内部误差 AAE_{in}	区域边界误差 AAE_{bound}
50	136	2.85×10^5	2.19×10^{-4}	5.28×10^{-5}
100	123	4.89×10^5	1.87×10^{-4}	4.30×10^{-5}
150	253	1.74×10^7	1.91×10^{-4}	4.36×10^{-5}

7.3.2 算例2

为了研究本章算法对不同区域的数值结果, 本算例考虑多联通圆环区域, 如图 7.2 所示. 仍然以算例 1 中 Helmholtz 方程对应边值问题的精确解 $u(X) = \sin(\sqrt{2}x) \cdot \sinh(y) + \cos(y)$ 为例.

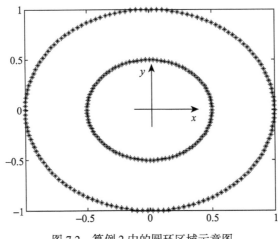

图 7.2　算例 2 中的圆环区域示意图

对于不同的初始源点数, 表 7.3 给出了 NMN 优化算法的结果. 从表中可以看出对于初始源点数 $N = 50$, 近似最优的源点数目 $N_{opt} = 407$ 仍然相对较大. 与算例 1 相比, 区域内部误差 $AAE_{in} = 2.56 \times 10^{-6}$ 和区域边界误差 $AAE_{bound} = 1.05 \times 10^{-6}$ 更小, 有效条件数 $ECN = 2.34 \times 10^{6}$ 更大. 该数值结果表明本章的 NMN 优化算法同样适用于多联通区域问题.

表 7.3　算例 2 中 NMN 优化算法的结果

初始源点数 N	最优源点数 N_{opt}	有效条件数 ECN	区域内部误差 AAE_{in}	区域边界误差 AAE_{bound}
50	407	2.34×10^{6}	2.56×10^{-6}	1.05×10^{-6}
150	158	1.77×10^{7}	2.50×10^{-6}	1.05×10^{-6}
250	275	7.34×10^{7}	2.50×10^{-6}	1.04×10^{-6}

7.3.3 算例3

本算例考虑具有两个拐角的花生区域上的修正 Helmholtz 方程, 如图 7.3 所示. 边值问题的精确解取为 $u(X) = e^{x+y}$, 对应的波数 $\lambda = \sqrt{2}$.

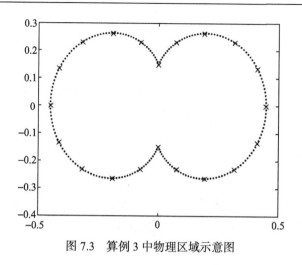

图 7.3　算例 3 中物理区域示意图

对于不同的初始源点数目 N，表 7.4 给出了 NMN 优化算法的结果. 当初始源点数目 $N=10$ 时，对应的近似最优源点数目 $N_{\mathrm{opt}}=351$，有效条件数 $\mathrm{ECN}=1.82\times10^{5}$，区域内部误差 $\mathrm{AAE}_{\mathrm{in}}=3.54\times10^{-5}$，区域边界误差 $\mathrm{AAE}_{\mathrm{bound}}=1.18\times10^{-5}$. 这与前两个算例的数值结果并非完全近似，这是所选取的物理区域，边值问题的控制方程以及边界条件不相同引起的结果. 此外，当初始源点数目 $N\geqslant50$ 时有效条件数($\mathrm{ECN}\approx10^{9}$)和区域误差($\mathrm{AAE}\approx10^{-8}$)几乎不变. 该结果也表明边界节点法仅用较少的源点数目可以得到足够精确的数值结果. 前面两个算例相比，本算例中有效条件数较大，但数值模拟结果更精确. 这也在另一方面表明，基于修正 Helmholtz 方程的边值问题可能具有更好的特性.

表 7.4　算例 3 中 NMN 优化算法的结果

初始源点数 N	最优源点数 N_{opt}	有效条件数 ECN	区域内部误差 $\mathrm{AAE}_{\mathrm{in}}$	区域边界误差 $\mathrm{AAE}_{\mathrm{bound}}$
10	351	1.82×10^{5}	3.54×10^{-5}	1.18×10^{-5}
50	250	6.60×10^{8}	9.78×10^{-8}	3.04×10^{-8}
100	119	2.69×10^{9}	8.92×10^{-8}	2.80×10^{-8}
150	171	5.29×10^{9}	8.57×10^{-8}	2.70×10^{-8}
200	253	4.75×10^{9}	9.70×10^{-8}	3.06×10^{-8}
250	258	3.68×10^{9}	9.36×10^{-8}	2.93×10^{-8}
300	339	4.01×10^{9}	8.86×10^{-8}	2.79×10^{-8}

7.3.4　讨论

上述研究表明，有效条件数 ECN 可以作为衡量边界节点法数值模拟结果的一

个有效工具. 此外, 边界节点法在区域内部和区域边界上的数值模拟结果都同样
精确. 对于不同的初始源点数, 近似最优的源点数也各不相同. 使用本章所提出的
NMN 优化算法时, 需选取较大的初始边界节点数目.

尽管本章只给出了三个算例, 实际上作者用 NMN 优化算法检验了大量的数值
算例. 所有的数值模拟结果类似, 都能表明该算法的有效性.

7.4　本　章　结　论

本章将自适应算法与边界节点法结合, 给出了最优边界节点数的选取和边界
节点的配置方法, 可以提供近似最优的数值模拟结果. 对于相同数目的边界配点
和源点得到的结果不一定是最好的. 尽管本章算例仅给出了与 Helmholtz 方程和修
正的 Helmholtz 方程相关的算例, 对于其他控制方程相应的算例仍然适用. 此外,
本章的研究工作仅仅是数值模拟研究, 对于理论方面的工作需要进一步的研究.

第 8 章　大规模问题的快速边界节点法

众所周知, 贝塞尔函数在原点没有奇异性, 因此被视为一种径向基函数进而发展为边界节点法. 然而边界节点法在计算过程中最终形成的线性方程组系数为非对称非稀疏矩阵, 常规计算方法所需的存储该系数矩阵和需要的计算量非常大. 例如对于 N 个插值节点的问题, 用传统差值方法需要 $O(N^2)$ 存储量和 $O(N^3)$ 计算量, 尽管随着计算机科学的发展, 计算机的计算能力已经有了本质的提升, 然而针对大规模超大规模问题的直接求解非常困难甚至不可行, 从而限制了很多数值方法在实际工程中的运用. 为了加速多粒子系统的求解, Rokhlin 等提出快速多极算法(Fast Multipole Method, FMM)[237-239]. FMM 的出现解决了这个问题, 使得计算量和内存消耗与单元的数量也达到了线性关系($O(N)$ 计算量).

耶鲁大学(Yale University)的 VRokhlin 教授将快速多极子方法用于静电场问题中的泊松方程的求解、J. M. Song, W. C. Chen 等[240]将 FMM 应用于分析三维目标的散射问题, 并提出了用于分析二维和三维目标的散射问题的多层快速多极子方法(Multilevel Fast Multipole Method, MLFMM), 在天体物理的相关应用中取得了巨大的成功, 并被科学家们推上 20 世纪十大算法的排名榜单. 与边界元法和径向基函数相结合, FMM 被用于许多大规模应用力学问题的求解[241-244]. 设计新型的数值计算方法提高数值计算速度和减少计算内存占用量, 具有不可替代的研究意义. 本章我们基于循环矩阵及快速傅里叶变换介绍快速边界节点算法, 该方法对于大规模问题的求解具有很好的前景.

8.1　循环矩阵及快速傅里叶变换

首先, 我们给出循环矩阵的定义. 若某 N 维的方阵 A 可以表示为

$$A = \begin{bmatrix} c_1 & c_2 & \cdots & c_N \\ c_N & c_1 & \cdots & c_{N-1} \\ \vdots & \vdots & & \vdots \\ c_2 & c_3 & \cdots & c_1 \end{bmatrix} \tag{8-1}$$

则称矩阵 A 为循环矩阵, 可以记为 $\mathrm{circ}(c_1, c_2, \cdots, c_N)$.

任意的循环矩阵可以通过其维数写出矩阵的特征向量

$$v_j = (1, w_j, w_j^2, \cdots, w_j^{N-1})^{\mathrm{T}}, \quad j = 0, 1, \cdots, N-1 \tag{8-2}$$

其中 $w_j = e^{\frac{2\pi i j}{N}}$，$i$ 表示虚数单位. 循环矩阵的特征值可以通过下述表达式获得

$$\lambda_j = v_j^{\mathrm{T}} A_k, \quad j = 0, 1, \cdots, N-1 \tag{8-3}$$

其中 A_k 表示矩阵 A 的第 k 列. 定义矩阵

$$F_N = \begin{bmatrix} v_j \end{bmatrix}, \quad j = 0, 1, \cdots, N-1 \tag{8-4}$$

$$U_N = \frac{1}{\sqrt{N}} F_N^* \tag{8-5}$$

取 $c = (c_1, c_2, \cdots, c_N)$，那么矩阵 A 可以改写为

$$A = U_N^* \mathrm{diag}(F_N c) U_N \tag{8-6}$$

其中 U_N^* 为 U_N 的共轭转置矩阵, 满足 $U_N^* \times U_N = U_N \times U_N^* = I$，$\mathrm{diag}(\cdot)$ 表示对角矩阵. 一般认为 $F_N c$ 为离散的傅里叶变换, 而 $F_N^* c$ 为离散的傅里叶逆变换. 快速傅里叶变换作为 20 世纪最经典的十大算法之一, 已经被广泛地运用到各领域[245].

推广循环矩阵的定义, 考察循环矩阵的相关性质,

$$M = \begin{bmatrix} M_{jk} \end{bmatrix} \tag{8-7}$$

其中任意子矩阵 M_{jk} 都是循环矩阵. 假设 $A = \begin{bmatrix} A_{jk} \end{bmatrix}_{M \times N}$，$B = \begin{bmatrix} B_{jk} \end{bmatrix}_{M \times K}$，那么如下的分块矩阵

$$A \otimes B = \begin{bmatrix} A_{11}B & A_{12}B & \cdots & A_{1N}B \\ A_{21}B & A_{22}B & \cdots & A_{2N}B \\ \vdots & \vdots & & \vdots \\ A_{M1}B & A_{M2}B & \cdots & A_{MN}B \end{bmatrix} \tag{8-8}$$

称作为矩阵 A 和 B 的直积, 简写为

$$A \otimes B = \begin{bmatrix} A_{jk}B \end{bmatrix} \tag{8-9}$$

那么根据直积的运算规则和循环矩阵的性质, 可以得到如下公式

$$(I \otimes U_N) M (I \otimes U_N^*) = I \otimes (U_N M_{ij} U_N^*) \tag{8-10}$$

记 c_{ij} 表示矩阵 M_{ij} 的第一行元素, 那么

$$M_{ij} = U_N^* \mathrm{diag}(F_N c_{ij}) U_N \tag{8-11}$$

从而公式(8-10)可以改写为

$$(I \otimes U_N) M (I \otimes U_N^*) = I \otimes \mathrm{diag}(F_N c_{ij}) \tag{8-12}$$

8.2　基于循环矩阵快速边界节点法

8.2.1　基本原理

下面我们简要介绍如何将循环矩阵与边界节点法进行结合. 假设 Ω 为 $\mathbf{R}^d, d = 2,3$ 上的一个封闭区域, 其边界满足 $\partial\Omega = \partial\Omega_D \bigcup \partial\Omega_N$ 以及 $\partial\Omega_D \bigcap \partial\Omega_N = \varnothing$. 以如下的 Helmholtz 方程为例

$$\nabla^2 u(X) + k^2 u(X) = 0, \quad X \in \Omega \tag{8-13}$$

$$u(X) = g_d(X), \quad X \in \partial\Omega_D \tag{8-14}$$

$$\frac{\partial u(X)}{\partial n} = g_n(X), \quad X \in \partial\Omega_N \tag{8-15}$$

其中 k 为方程的波数, g_d 和 g_n 为已知边界函数.

首先我们在求解问题的区域边界上选取 N 个边界节点 $\{X_j\}_{j=1}^N \in \partial\Omega$, 那么方程(8-13)~(8-15)的近似解可以写为如下形式:

$$u(X) \approx u_N(X) = \sum_{j=1}^N \beta_j \psi(r_j) \tag{8-16}$$

其中 $r_j = |X - X_j|$ 表示两点间的距离. 控制方程的非奇异一般解

$$\psi(r) = \begin{cases} J_0(kr), & \mathbf{R}^2 \\ \dfrac{\sin(kr)}{r}, & \mathbf{R}^3 \end{cases} \tag{8-17}$$

通过边界条件(8-14)和(8-15)我们可以得到未知参数 β 满足如下方程组

$$\sum_{j=1}^N \beta_j \psi(r_{ij}) = g_d(X_i), \quad X_i \in \partial\Omega_D \tag{8-18}$$

$$\sum_{j=1}^N \beta_j \frac{\partial \psi(r_{ij})}{\partial n} = g_n(X_i), \quad X_i \in \partial\Omega_N \tag{8-19}$$

通过直接解法求解方程组(8-18)-(8-19), 需要 $O(N^3)$ 的计算量以及 $O(N^2)$ 的存储量, 计算量和存储量都非常庞大. 从方程组(8-18)-(8-19)中可以看出, 如果求解问题的区域为对称区域, 并且边点均匀分布, 那么方程组(8-18)-(8-19)的系数矩阵为循环矩阵. 那么对三维问题而言是否有同样的结论呢? 我们分析如下: 假设 $X = \left\{ \left(x_{ij}, y_{ij}, z_i \right) \right\}_{i=1, j=1}^{M, N}$ 为三维区域的边界点. 满足

$$x_{ij} = R_i \cos\left(\theta_j\right), y_{ij} = R_i \sin\left(\theta_j\right) \tag{8-20}$$

其中

$$\theta_j = \frac{2\pi(j-1)}{N}, \quad j = 1, 2, \cdots, N \tag{8-21}$$

由于求解的区域为周对称的, 那么相对于不同的圆周 z_i 而言 R_i 也不尽相同. 在同一圆周 z_i 上, 我们选取相同数量的边界节点法. 方程组(8-18)-(8-19)可写成矩阵形式为

$$Q\beta = h \tag{8-22}$$

其中

$$Q = \begin{bmatrix} Q_{11} & Q_{12} & \cdots & Q_{1M} \\ Q_{21} & Q_{22} & \cdots & Q_{2M} \\ \vdots & \vdots & & \vdots \\ Q_{M1} & Q_{M2} & \cdots & Q_{MM} \end{bmatrix} \tag{8-23}$$

$$Q_{ij} = \begin{bmatrix} \psi\left(\|X_{i1} - X_{j1}\|\right) & \psi\left(\|X_{i1} - X_{j2}\|\right) & \cdots & \psi\left(\|X_{i1} - X_{jN}\|\right) \\ \psi\left(\|X_{i2} - X_{j1}\|\right) & \psi\left(\|X_{i2} - X_{j2}\|\right) & \cdots & \psi\left(\|X_{i2} - X_{jN}\|\right) \\ \vdots & \vdots & & \vdots \\ \psi\left(\|X_{iN} - X_{j1}\|\right) & \psi\left(\|X_{iN} - X_{j2}\|\right) & \cdots & \psi\left(\|X_{iN} - X_{jN}\|\right) \end{bmatrix} \tag{8-24}$$

$$\beta = \left[\beta_1, \beta_2, \cdots, \beta_{MN}\right]^{\mathrm{T}} \tag{8-25}$$

其中 Q_{ij} 表示第 i 圈以及第 j 圈间形成的矩阵. 很显然 Q 为分块循环矩阵, 从而可以通过快速傅里叶变换进行求解.

8.2.2 算例分析

算例 1 二维环形区域:

首先考虑如下的一个环形区域(图 8.1), 其中内圆半径为 90, 外圆半径为 100. 精确解取为

$$u(x,y) = \sin\left(\frac{kx}{\sqrt{2}}\right)\cos\left(\frac{ky}{\sqrt{2}}\right) \tag{8-26}$$

仅考虑第一类边界条件.

首先我们选取波数 $k = 10^3$, 边界节点数 $N = 2 \times 10^6$, 图 8.2 给出最大相对误差图, 从图 8.2 中可以看出边界节点法具有非常高的数值模拟精度, 图 8.3 中显示了计算复杂度以及点数之间的变化.

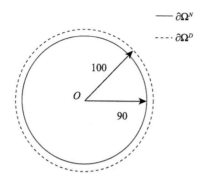

图 8.1　二维环形区域示意图

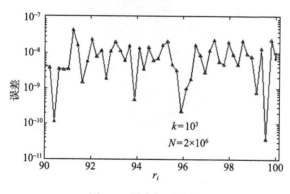

图 8.2　最大相对误差

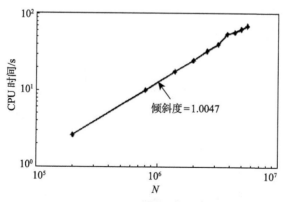

图 8.3　计算复杂度与点数之间的关系

算例 2　三维振荡球:

我们考虑一个三维球体如图 8.4 所示, 仅考虑第二类边界条件

$$\frac{\partial u}{\partial n}(x, y, z) = ik \tag{8-27}$$

对应解析解

$$u(r) = \frac{a}{r} \frac{ikaz_0}{ka\cos(ka) - \sin(ka)} \sin(kr) \tag{8-28}$$

其中 $r = \|X\| = \sqrt{x^2 + y^2 + z^2}$，$a$ 为球体的半径，$z_0 = \rho_0 c_0$ 为振荡球的特征参数，ρ_0 为振荡球的密度，c_0 为声速. 本算例中我们选取 $a=3$，$z_0=1$.

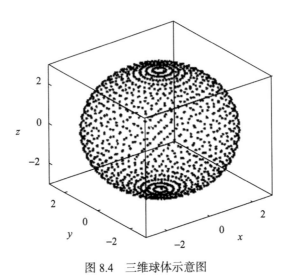

图 8.4　三维球体示意图

图 8.5 中我们给出了循环边界节点法与传统边界节点法计算时间的比较, 从中我们可以看出基于循环矩阵边界节点法的优越性.

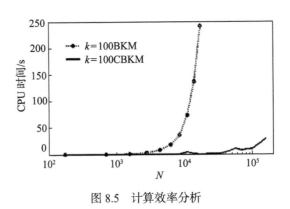

图 8.5　计算效率分析

算例 3　三维轮胎模拟.

本节中我们考虑如下的轮胎形状(图 8.6).

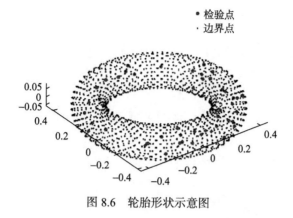

图 8.6　轮胎形状示意图

图 8.7 给出了计算时间与计算点数之间的关系, 从中我们可以看出其计算效率.

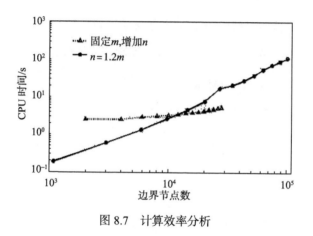

图 8.7　计算效率分析

讨论　基于循环矩阵的循环边界节点法, 对问题的快速求解取得了相当显著的加速与节约内存的效果, 并且保持了边界型径向基函数配点法原有的高精度与指数收敛性.

8.3　快速多极边界节点法

8.3.1　基于贝塞尔函数的数值格式

为了说明贝塞尔格式, 考虑如下 Helmholtz 型微分方程

$$Lu(X) = f(X), \quad X = (x, y) \in \Omega \subset \mathbf{R}^2 \tag{8-29}$$

其中 $L = \Delta \pm \lambda^2$ 为 Helmholtz 型微分算子, $\lambda = w/c$ 表示波数, w 和 c 分别表示声速

和频率, $f(X)$ 为已知源函数.

给定第一类边界条件 $u(X) = \overline{u}(X), X \in \Gamma_D$ 和第二类边界条件 $q(X) = \overline{q}(X) = \partial \overline{u}(X) / \partial n, X \in \Gamma_N$, 可得如下形式边值问题的数值解:

$$u(X) = \sum_{j=1}^{N} \alpha_j U_0(X, X_k; \lambda), \quad X \in \Omega \tag{8-30}$$

其中 N 是边界离散点的数目, α_j 为待求插值系数, $U_0(X, X_k; \lambda) = J_0(\lambda r)$ 为第一类贝塞尔函数, r 是点 X 和 X_k 的欧几里得距离.

将方程(8-30)配置到 N 个配点可以得到

$$\sum_{k=1}^{N} \alpha_k U_0(X_i, X_k; \lambda) = \overline{u}(X), \quad X_i \in \Gamma_D \tag{8-31}$$

$$\sum_{k=1}^{N} \alpha_k \frac{\partial U_0(X_j, X_k; \lambda)}{\partial n} = \overline{q}(X), \quad X_j \in \Gamma_N \tag{8-32}$$

其中 i 和 j 分别是边界 Γ_D 和 Γ_N 上配点数的指标. 解出插值系数 α_j, 然后可以用边界插值公式(8-30)计算具有相同几何形状和控制方程的任意问题.

8.3.2   快速贝塞尔函数法(FMM-BKM)

基于 Graf 方程[246], 可以得到贝塞尔核函数的表达式

$$U_0(X, Y; \lambda) = \sum_{n=-\infty}^{\infty} P_n(Y_c, X) Q_{-n}(Y_c, Y), \quad |Y_c - X| > |Y_c - Y| \tag{8-33}$$

其中 Y_c 表示 Y 附近的扩展点, $P_n(X, Y) = i^n J_n(\lambda r) e^{in\theta}$, $Q_n(X, Y) = (-i)^n J_n(\lambda r) e^{in\theta}$, $J_n(\cdot)$ 表示 n 阶贝塞尔函数, θ 为从点 X 到 Y 所得向量 r 的极角.

对于第二类边界条件, 相应的远域展式为

$$\frac{\partial U_0(X, Y; \lambda)}{\partial n} = \sum_{n=-\infty}^{\infty} P_n(Y_c, X) \frac{\partial Q_{-n}(Y_c, Y)}{\partial n}, \quad |Y_c - X| > |Y_c - Y| \tag{8-34}$$

其中

$$\frac{\partial Q_{-n}(Y_c, Y)}{\partial_n} = \frac{(-i)^n k}{2} \left[J_{n+1}(\lambda r) e^{i\vartheta} - J_{n-1}(\lambda r) e^{-i\vartheta} \right] e^{in\vartheta} \tag{8-35}$$

ϑ 为向量 r 与外法向量的夹角.

利用(8-34)和(8-35),可以通过下面的多级展式计算方程(8-31)和(8-32)的左侧

$$\sum_{k=1}^{N} \alpha_k U_0(X, X_k; \lambda) = \sum_{k=1}^{N} \alpha_k \left[\sum_{n=-\infty}^{\infty} P_n(Y_c, X) Q_{-n}(Y_c, Y_k) \right]$$
$$= \sum_{n=-\infty}^{\infty} P_n(Y_c, X) M_n(Y_c) \tag{8-36}$$

$$\sum_{k=1}^{N} \alpha_k \frac{\partial U_0(X, X_k; \lambda)}{\partial n} = \sum_{k=1}^{N} \alpha_k \left[\sum_{n=-\infty}^{\infty} P_n(Y_c, X) \frac{\partial Q_{-n}(Y_c, Y_k)}{\partial n} \right]$$
$$= \sum_{n=-\infty}^{\infty} P_n(Y_c, X) \frac{\partial M_n(Y_c)}{\partial n} \tag{8-37}$$

其中 $M_n(Y_c) = \sum_{k=1}^{N} \alpha_k Q_{-n}(Y_c, Y_k)$ 称为极矩, 当多极展式的中心从 Y_c 移动到 $Y_{c'}$ 时, 通过加法原理

$$Q_n(Y_{c'}, Y_k) = \sum_{m=-\infty}^{\infty} Q_{m-n}(Y_{c'}, Y_c) Q_m(Y_c, Y_k) \tag{8-38}$$

可得极矩–极矩之间(M2M)的转换公式

$$M_n(Y_{c'}) = \sum_{m=-\infty}^{\infty} Q_{m-n}(Y_{c'}, Y_c) M_m(Y_c) \tag{8-39}$$

方程(8-31)左侧的局部展式为

$$\sum_{k=1}^{N} \alpha_k U_0(X, X_k; \lambda) = \sum_{n=-\infty}^{\infty} Q_{-n}(X_L, X) L_n(X_L) \tag{8-40}$$

其中 X_L 是 $X(|X - X_L| < |Y_k - X_L|)$ 附近的局部扩展点. 扩展系数可通过转换等式方程

$$P_n(X_L, Y_k) = \sum_{m=-\infty}^{\infty} (-1)^m P_{n-m}(X_L, Y_c) Q_m(Y_c, Y_k) \tag{8-41}$$

得到局部–极矩之间的展式(M2L)

$$L_n(X_L) = \sum_{m=-\infty}^{\infty} (-1)^m P_{m-n}(X_L, Y_c) M_m(Y_c) \tag{8-42}$$

类似可得方程(8-32)左侧的局部展式

$$\sum_{k=1}^{N} \alpha_k \frac{\partial U_0(X, X_k; \lambda)}{\partial n} = \sum_{n=-\infty}^{\infty} Q_{-n}(X_L, X) L_n(X_L) \tag{8-43}$$

注意, 局部–极矩之间的展式(M2L)中 $M_m(Y_c)$ 变为 $\partial M_m(Y_c) / \partial n$.

当局部展式的中心从 X_L 移动到 $X_{L'}$ 时, 可通过等式

$$P_n(X_{L'}, Y_k) = \sum_{m=-\infty}^{\infty} Q_m(X_L, X_{L'}) P_{n-m}(X_L, Y_k) \tag{8-44}$$

得到局部–局部之间的变换(L2L)公式

$$L_n(X_{L'}) = \sum_{m=-\infty}^{\infty} Q_m(X_L, X_{L'}) L_{n-m}(X_L) \tag{8-45}$$

通过这种加速, 将原来需要 $O(N^2)$ 存储量和 $O(N^3)$ 计算量都降为 $O(N)$, 这对

于大规模问题的求解具有很好的前景.

8.3.3 快速多极边界节点法的实现算法

广义极小残差法迭代求解过程中, 系数矩阵 A 与迭代向量的乘积来源于边界节点. 快速多极边界节点法正是利用这一点, 使用展开和传递技术, 并结合树结构来等效和加速计算系数矩阵和迭代向量相乘的运算. 快速多极边界节点法的计算步骤如下.

Step1 初始化 对给定的二维物理区域, 类似于传统边界节点法离散区域边界, 形成树结构 T 用于存储源点. 首先让所有源点包含在一个大的正方形中, 然后将大正方形分解成 4 个小正方形, 形成树结构的第 1 层, 将这 4 个子正方形又进一步分解成更小的正方形. 对正方形的分解操作重复进行下去, 直到正方形所包含的边界单元的数量小于一个预先设定的值(本部分内容中取该值为 1, 如图 8.8 所示).

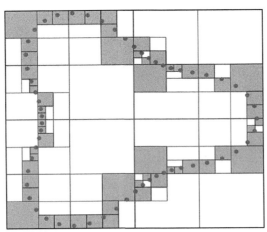

图 8.8   树结构示意图

Step2 迭代求解器 对应于贝塞尔核函数近似方程(8-33)更新未知向量, 通过快速多级算法继续下面的步骤计算系数矩阵与迭代向量的乘积, 直到解收敛于一个给定的范围.

Step3 迭代求解器 该步骤可分为两部分: 上行和下行. 上行从最小的叶子开始计算每个格子中的 $M_n(Y_c)$, 将子组集中的每一个子组的信息上传并累加到上一组的中心. 下行将交互作用区域组集内每一组的信息转移并累加并下传到其子组集中的每一个子组. 在最低级计算组对其节点集内每一个单元节点的影响系数, 在最低级计算组的近场区域组集内各节点之间的相互影响系数. 图 8.9 快速多极方法的背景网格划分与传递示意图.

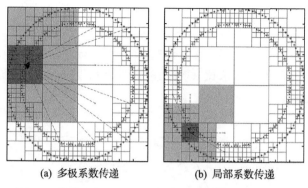

(a) 多极系数传递　　　　　(b) 局部系数传递

图 8.9　快速多极方法的背景网格划分与传递示意图

8.3.4　数值算例

矩阵的预处理方法可以发展出不同的 Krylov 子空间迭代方法, 常见的包括共轭梯度法、Arnodi 方法、充分正交化方法等, 其中广义最小残值法(Generalized Minimal Residual Algorithm, GMRES)常见于快速多极算法的耦合研究, 本章内容考虑 GMRES 和 ML(n)BiCGSTAB 方法.

考虑二维多联通区域(图 8.10)上的非齐次边值问题:

$$\Delta u(x,y) + \lambda^2 u(x,y) = \lambda^2 (x+y)^2 + 4 \tag{8-46}$$

$$u(x,y) = (x+y)^2 + 1000\sin(\lambda x) + \sin(\lambda y) + 2000 J_0(\lambda \sqrt{x^2 + y^2})$$
$$+ 5000 \sin\left(\frac{\lambda}{\sqrt{2}} x\right) \sin\left(\frac{\lambda}{\sqrt{2}} y\right) \tag{8-47}$$

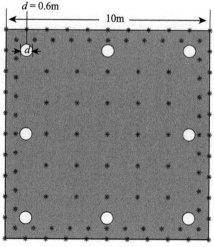

图 8.10　计算区域示意图

迭代误差设定为10^{-3}, 图 8.11 给出了对于不同的频率 $\lambda=0.2, 1, 5$ 用 GMRES(G) 和 ML(n)BiCGSTAB(M)预处理方法得到的误差结果. 可以看出通过快速边界节点法, 对于不同边界节点数, 数值模拟结果都比较好. 同时, 对于不同的频率, ML(n)BiCGSTAB 预处理方法比 GMRES 预处理精度高. 因此后面的讨论我们用 ML(n)BiCGSTAB 预处理方法.

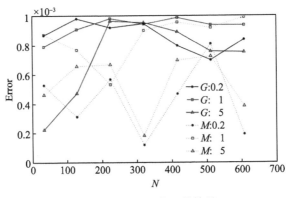

图 8.11　预处理的比较结果

当频率 $\lambda=20$ 时, 图 8.12 给出了传统边界节点法和快速边界节点法的误差收敛曲线图. 当边界节点数 $N < 4.8 \times 10^3$ 时, 传统边界节点法和快速边界节点法计算结果完全近似, 当边界节点数 $N > 4.8 \times 10^3$ 时, 由于储存量和计算量较大, 传统边界节点法不能正常运行, 但快速边界节点法可以得到更高的精确度.

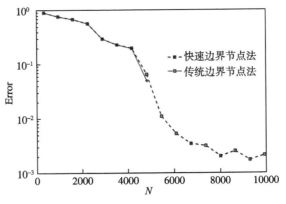

图 8.12　传统边界节点法和快速边界节点法的误差比较

图 8.13 给出了对于不同的频率插值系数矩阵的计算时间. 计算结果表明通过

快速边界节点法可以得到 $O(N)$ 计算量, 极大地节约了计算时间, 这对于高频率声波问题的计算具有非常重要的实际意义.

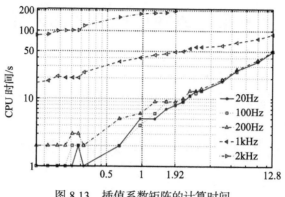

图 8.13 插值系数矩阵的计算时间

8.3.5 结束语

边界节点法和快速多极边界节点法结合可以有效地解决非齐次 Helmholtz 控制方程相关问题, 对于不同的频率 ML(n)BiCGSTAB 预处理方法比 GMRES 预处理精度高. 通过快速多极边界节点法可以得到 $O(N)$ 计算量.

第9章　薄板小挠度弯曲问题

弹性力学领域里, 中面为一平面的扁平连续体称为平板, 当平板的厚度远小于中面平面尺寸时称为薄板, 反之为厚板[247]. 本章我们只考虑薄板的定解问题.

9.1　薄板小扰度弯曲问题模型

9.1.1　基本假设

本章只考虑薄板的小扰度弯曲理论, 即我们只考虑这样的薄板: 它虽然很薄, 但是仍然具有相当的弯曲刚度, 因为它的扰度远小于它的厚度, 如图 9.1 所示.

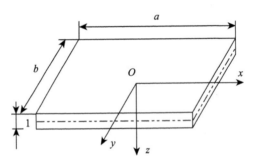

图 9.1　正方形均匀薄板

为简便起见, 我们以如下的三个计算假定为基础:

(1) 垂直于中面方向的正应变, 即 ε_z 可以忽略不计, 则由几何方程得 $\dfrac{\partial w}{\partial z}=0$, 从而得到

$$w = w(x, y) \tag{9-1}$$

这就是说, 在中面的任一根法线上, 薄板全厚度内的所有各点都具有相同的位移 w, 也就是等于它的扰度.

由于上述假定, 我们必须放弃与 ε_z 有关的物理量

$$\varepsilon_z = \frac{\sigma_z - \mu(\sigma_x + \sigma_y)}{E} \tag{9-2}$$

这样我们才能使得 $\varepsilon_z=0$，但是我们必须保证 $\sigma_z - \mu(\sigma_x + \sigma_y) \neq 0$.

(2) 应力分量 τ_{zx}，τ_{zy} 和 σ_z 远小于其余的三个应力分量，由这些应力分量所引起的形变可以忽略不计，但是这些应力分量的力是维持物体平衡所必需的力，不能忽略.

由于有上述的假设，有

$$\gamma_{zx} = 0, \quad \gamma_{zy} = 0 \tag{9-3}$$

由几何方程可以得到

$$\frac{\partial u}{\partial z} + \frac{\partial w}{\partial x} = 0, \quad \frac{\partial v}{\partial z} + \frac{\partial w}{\partial y} = 0 \tag{9-4}$$

从而

$$\frac{\partial u}{\partial z} = -\frac{\partial w}{\partial x}, \quad \frac{\partial v}{\partial z} = -\frac{\partial w}{\partial y} \tag{9-5}$$

我们必须放弃与 γ_{zx} 和 γ_{zy} 相关的物理量

$$\gamma_{zx} = \frac{2(1+\mu)}{E}\tau_{zx}, \quad \gamma_{zy} = \frac{2(1+\mu)}{E}\tau_{zy} \tag{9-6}$$

这样我们才能使得 γ_{zx} 和 γ_{zy} 为零并且还能够保证 τ_{zx} 和 τ_{zy} 不等于零.

由于 $\varepsilon_z=0$，$\gamma_{zx}=0$ 和 $\gamma_{zy}=0$，可见中面的法线在薄板弯曲时保持不伸缩，并且成为弹性曲面的法线.

由于不考虑 σ_z 引起的形变，可以得到如下的物理方程

$$\varepsilon_x = \frac{1}{E}(\sigma_x - \mu\sigma_y) \tag{9-7}$$

$$\varepsilon_y = \frac{1}{E}(\sigma_y - \mu\sigma_x) \tag{9-8}$$

$$\gamma_{xy} = \frac{2(1+\mu)}{E}\tau_{xy} \tag{9-9}$$

这就是说，薄板小扰度弯曲问题中的物理方程和薄板平面应力问题中的物理方程相同.

(3) 薄板中面内各点都没有平行于中面的位移，即

$$u_{z=0} = 0, \quad v_{z=0} = 0 \tag{9-10}$$

因为 $\varepsilon_x = \dfrac{\partial u}{\partial x}, \varepsilon_y = \dfrac{\partial v}{\partial y}, \gamma_{xy} = \dfrac{\partial v}{\partial x} + \dfrac{\partial u}{\partial y}$，可以得到

$$\left(\varepsilon_x\right)_{z=0} = 0, \quad \left(\varepsilon_y\right)_{z=0} = 0, \quad \left(\gamma_{xy}\right)_{z=0} = 0 \tag{9-11}$$

从上述公式可以看出, 中面的任何一小部分, 虽然弯曲成为弹性面的一部分, 但是在 xOy 面上的投影形状保持不变.

9.1.2 弹性曲面的微分方程

薄板小扰度弯曲是按位移求解的, 取基本未知函数为薄板的扰度 w. 因此, 我们必须把所有的物理量都用 w 来表示, 并建立 w 的微分方程, 即弹性曲面微分方程[248]. 首先把形变分量 ε_x, ε_y 和 γ_{xy} 用 w 来表示. 将方程(9-5)对变量 z 进行积分, 积分时必须注意到 9.1.1 节中的假设即 w 只跟 x 和 y 有关, 并不随着 z 的变化而改变, 所以得到

$$u = -\frac{\partial w}{\partial x}z + u_0(x, y, t), \quad v = -\frac{\partial w}{\partial y}z + v_0(x, y, t) \tag{9-12}$$

其中 $u_0(x, y, t)$ 和 $v_0(x, y, t)$ 为中面位移, 根据假定(3)薄板的中面没有位移, 所以得到

$$u_0(x, y, t)=0, \quad v_0(x, y, t)=0 \tag{9-13}$$

从而平板内平面位移为

$$u = -\frac{\partial w}{\partial x}z, \quad v = -\frac{\partial w}{\partial y}z \tag{9-14}$$

这表明薄板内个点平面位移 u 和 v 沿厚度变化方向为线性分布, 并且与扰曲面 w 在该处沿 x 和 y 方向斜率有关.

于是可以把形变分量 ε_x, ε_y 和 γ_{xy} 表示为 w 的函数:

$$\varepsilon_x = \frac{\partial u}{\partial x} = -\frac{\partial^2 w}{\partial x^2}z \tag{9-15}$$

$$\varepsilon_y = \frac{\partial v}{\partial y} = -\frac{\partial^2 w}{\partial y^2}z \tag{9-16}$$

$$\gamma_{xy} = \frac{\partial v}{\partial x} + \frac{\partial u}{\partial y} = -2\frac{\partial^2 w}{\partial x \partial y} \tag{9-17}$$

由于扰度 w 是微小的, 形变分量可以表征为曲率和扭曲率的函数, 如下

$$\varepsilon_x = -\frac{\partial^2 w}{\partial x^2}z = \chi_x z \tag{9-18}$$

$$\varepsilon_y = -\frac{\partial^2 w}{\partial y^2}z = \chi_y z \tag{9-19}$$

$$\gamma_{xy} = -2\frac{\partial^2 w}{\partial x \partial y} = 2\chi_{xy}z \tag{9-20}$$

由弹性体动力学物理方程, 并考虑到 $\sigma_z=0$, 可以将应力分量用 w 来表示

$$\sigma_x = \frac{E}{1-\mu^2}(\varepsilon_x + \mu\varepsilon_y) \tag{9-21}$$

$$\sigma_y = \frac{E}{1-\mu^2}(\varepsilon_y + \mu\varepsilon_x) \tag{9-22}$$

$$\tau_{xy} = \frac{E}{2(1+\mu)}\chi_{xy} \tag{9-23}$$

将式(9-15)~(9-17)代入, 得

$$\sigma_x = -\frac{Ez}{1-\mu^2}\left(\frac{\partial^2 w}{\partial x^2} + \mu\frac{\partial^2 w}{\partial y^2}\right) \tag{9-24}$$

$$\sigma_y = -\frac{Ez}{1-\mu^2}\left(\frac{\partial^2 w}{\partial y^2} + \mu\frac{\partial^2 w}{\partial x^2}\right) \tag{9-25}$$

$$\tau_{xy} = \frac{Ez}{1+\mu}\frac{\partial^2 w}{\partial x\partial y} \tag{9-26}$$

上式表明, 板内各点应力分量沿厚度方向是线性分布的, 并且与扰曲面的曲率或扭曲率有关.

将应力分量 τ_{zx} 和 τ_{zy} 用 w 表示, 由平衡方程可得

$$\frac{\partial \tau_{zx}}{\partial z} = -\frac{\partial \sigma_x}{\partial x} - \frac{\partial \tau_{yx}}{\partial y} \tag{9-27}$$

$$\frac{\partial \tau_{zy}}{\partial z} = -\frac{\partial \sigma_y}{\partial y} - \frac{\partial \tau_{xy}}{\partial x} \tag{9-28}$$

将式(9-24)~(9-26)代入得

$$\frac{\partial \tau_{zx}}{\partial z} = -\frac{Ez}{1-\mu^2}\left(\frac{\partial^3 w}{\partial x^3} + \frac{\partial^3 w}{\partial x\partial y^2}\right) = \frac{Ez}{1-\mu^2}\frac{\partial}{\partial x}\nabla^2 w \tag{9-29}$$

$$\frac{\partial \tau_{zy}}{\partial z} = -\frac{Ez}{1-\mu^2}\left(\frac{\partial^3 w}{\partial y^3} + \frac{\partial^3 w}{\partial y\partial x^2}\right) = \frac{Ez}{1-\mu^2}\frac{\partial}{\partial y}\nabla^2 w \tag{9-30}$$

由于 w 并不随着 z 方向的变化而变化, 将上式积分得

$$\tau_{zx} = \frac{Ez^2}{2(1-\mu^2)}\frac{\partial}{\partial x}\nabla^2 w + F_1(x,y) \tag{9-31}$$

$$\tau_{zy} = \frac{Ez^2}{2(1-\mu^2)}\frac{\partial}{\partial y}\nabla^2 w + F_2(x,y) \tag{9-32}$$

其中 F_1 和 F_2 为任意函数, 但是由于在薄板的上下面有边界条件

$$\tau_{zx}\left(z=\pm\frac{t}{2}\right)=0 \tag{9-33}$$

$$\tau_{zy}\left(z=\pm\frac{t}{2}\right)=0 \tag{9-34}$$

这样就可以求出未知函数 F_1 和 F_2, 可以得出

$$\tau_{zx}=\frac{Ez^2}{2\left(1-\mu^2\right)}\left(z^2-\frac{t^2}{4}\right)\frac{\partial}{\partial x}\nabla^2 w \tag{9-35}$$

$$\tau_{zy}=\frac{Ez^2}{2\left(1-\mu^2\right)}\left(z^2-\frac{t^2}{4}\right)\frac{\partial}{\partial y}\nabla^2 w \tag{9-36}$$

最后可以将应力分量 σ_z 也用 w 来表示. 利用平衡方程, 并且将体力置为零, 得

$$\frac{\partial\sigma_z}{\partial z}=-\frac{\partial\tau_{zx}}{\partial x}-\frac{\partial\tau_{yz}}{\partial y} \tag{9-37}$$

如果体力不等于零, 我们可以将薄板每单位体积内的体力和面力归于薄板的面力, 这只会对最次要的应力分量 σ_z 引起误差, 对其他的应力分量毫无影响. 将 (9-35)及(9-36)代入上式, 可以得到

$$\frac{\partial\sigma_z}{\partial z}=\frac{E}{2(1-\mu^2)}\left(\frac{t^2}{4}-z^2\right)\nabla^2 w \tag{9-38}$$

对 z 积分, 得

$$\sigma_z=\frac{E}{2(1-\mu^2)}\left(\frac{t^2}{4}z-\frac{z^3}{3}\right)\nabla^4 w+F_3(x,y) \tag{9-39}$$

其中 F_3 为任意函数. 但是在薄板的下边界, 由边界条件

$$\tau_{zx}\left(z=\frac{t}{2}\right)=0 \tag{9-40}$$

$$\tau_{zy}\left(z=\pm\frac{t}{2}\right)=0 \tag{9-41}$$

可以求出 F_3 的值并回代得到 σ_z 的表达式如下

$$\begin{aligned}\sigma_z&=\frac{E}{2(1-\mu^2)}\left[\frac{t^2}{4}\left(z-\frac{t}{2}\right)-\frac{1}{3}\left(z^3-\frac{t^3}{8}\right)\right]\nabla^4 w\\&=-\frac{Et^3}{6(1-\mu^2)}\left(\frac{1}{2}-\frac{z}{t}\right)^2\left(1+\frac{z}{t}\right)\nabla^4 w\end{aligned} \tag{9-42}$$

在薄板的上层面, 代入边界条件

$$\sigma_z\left(z=-\frac{t}{2}\right)=-q \tag{9-43}$$

其中 q 是薄板每单位面积内的横向荷载, 包括横向面力及横向体力. 这样我们即导出了薄板弹性曲面的微分方程如下

$$\frac{Et^3}{12(1-\mu^2)}\nabla^4 w=q \tag{9-44}$$

其中 $D=\dfrac{Et^3}{12(1-\mu^2)}$ 称为薄板的弯曲刚度, μ 为薄板的扰度函数.

9.1.3　薄板小扰度弯曲问题边界条件

(1) 夹支边

$$w=0,\quad \frac{\partial w}{\partial n}=0 \tag{9-45}$$

其中 n 为边界外法线向量.

(2) 简支边

$$w=0,\quad M=0 \tag{9-46}$$

其中 M 为相应的外力矩.

(3) 自由边

$$M=0,\quad -D\frac{\partial}{\partial x}\nabla^2 w+\frac{M_{xy}}{\partial x}=0 \tag{9-47}$$

(4) 受力角节点

$$\frac{\partial^2 w}{\partial x \partial y}=\frac{F}{2D(1-\mu)} \tag{9-48}$$

9.2　薄板小扰度弯曲问题的边界节点法

根据上面的分析可知, 我们将薄板小扰度弯曲问题转化为给定边界条件下求解偏微分方程组问题. 由于控制方程为非齐次双调和方程, 又由于边界节点的近似解为控制方程非奇异一般解的线性组合, 此处双调和方程的非奇异一般解选取:

$$Q(X,Y_j)=A_j H(X,Y_j)+B_j r^2 H(X,Y_j) \tag{9-49}$$

由此我们可以构造出方程的近似解如下

$$u(X) \approx u_N(X) = \sum_{j=1}^{N} c_j Q(X, Y_j) \tag{9-50}$$

其中 Y_j 为放置在边界上的源点，c_j 为待求未知系数，N 为总源点数. 当把边界条件代入时可以得到未知参数 c_j，这样我们可以给出求解区域上的数值解.

9.3 算 例 分 析

9.3.1 圆形薄板

首先我们分析无孔圆板受到均匀荷载的问题，如图 9.2 所示. 设圆板半径为 a，均匀荷载为 q，假设薄板的边界条件为夹支边. 由于此问题中的控制方程为 $\nabla^4 w = \dfrac{q}{D}$，且边界条件为：$w\big|_{\rho=a} = 0$，$\dfrac{\partial w}{\partial \rho}\Big|_{\rho=a} = 0$. 如果我们取方程的特解为 $\dfrac{qa^4}{64D}$，很显然我们将非齐次双调和方程转换为齐次的双调和方程，且相应的边界条件转换为 $w = -\dfrac{qa^4}{64D}, \dfrac{\partial w}{\partial \rho} = -\dfrac{qa^3}{16D}$. 这样我们将非齐次方程转化为求解齐次双调和方程.

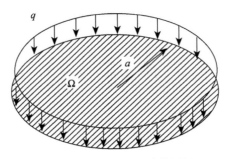

图 9.2 受均匀荷载无孔薄圆板

此问题的精确解为

$$w = \frac{qa^4}{64D}\left(1 - \frac{\rho^2}{a^2}\right)^2 \tag{9-51}$$

下面我们使用边界节点法和基本解法来求解此问题. 计算时我们取半径 $a=1$，在边界上均匀分布着 $N=40$ 个节点，在使用基本解法时，我们将虚拟点分布在与物理区域同心的圆上，半径选取为 (e) 且在虚拟边界上也分布着 40 个配点. 此算例中边界节点法的参数 $c=0.2$. 表 9.1 列举了部分计算结果，检测点位均匀分布的 1000 个测试点.

表 9.1 边界节点法和基本解法数值结果

误差	边界节点法	基本解法
最大相对误差	3.8×10^{-4}	1.0×10^{-8}
平均相对误差	2.5×10^{-5}	4.8×10^{-10}

由此计算结果可以看出基本解法和边界节点法求解此问题均能获得很高的进度. 如果将上例中的边界条件由夹支边转换为简支边, 那么此问题的曲面微分方程不变, 边界条件转换为 $w_{\rho=a} = 0$ 以及 $(M_\rho)_{\rho=a} = 0$. 如果我们选取特解为 $\dfrac{qa^4}{64D}$ 即可将非齐次问题转化为齐次问题直接用边界节点法求解. 此时的边界条件转化为 $w = -\dfrac{qa^4}{64D}$ 以及 $M_\rho = -\dfrac{(3+\mu)qa^2}{16}$. 我们将数值结果列举在表 9.2. 此时问题的精确解为

$$w = \frac{qa^4}{64D}\left(a - \frac{\rho^2}{a^2}\right)\left(\frac{5+\mu}{1+\mu} - \frac{\rho^2}{a^2}\right) \tag{9-52}$$

表 9.2 边界节点法和基本解法数值结果

误差	边界节点法	基本解法
最大相对误差	8.6×10^{-5}	8.4×10^{-8}
平均相对误差	3.8×10^{-6}	3.5×10^{-9}

9.3.2 正方形薄板

考虑如图 9.3 所示的等厚正方形薄板, 四边夹支且受到 q_0 的均匀荷载. 那么此问题的边界条件为

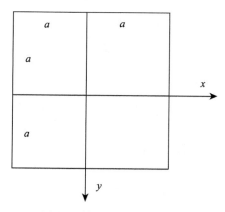

图 9.3 等厚正方形均匀薄板

$$w_{x=\pm a} = 0, \quad \frac{\partial w}{\partial x}_{x=\pm a} = 0 \tag{9-53}$$

$$w_{y=\pm a} = 0, \quad \frac{\partial w}{\partial y}_{y=\pm a} = 0 \tag{9-54}$$

此处我们只考虑均布荷载问题, 所以其控制方程为

$$\nabla^4 w = \frac{q}{D} \tag{9-55}$$

为将此非齐次方程转化为齐次方程, 我们选取方程的特解为 $w = \dfrac{qx^2 y^2}{8D}$, 那么相应的边界条件转换为

$$w_{x=\pm a} = -\frac{qy^2 a^2}{8D}, \quad \frac{\partial w}{\partial x}_{x=\pm a} = -\frac{qy^2 a}{4D} \tag{9-56}$$

$$w_{y=\pm a} = -\frac{qx^2 a^2}{8D}, \quad \frac{\partial w}{\partial y}_{y=\pm a} = -\frac{qx^2 a}{4D} \tag{9-57}$$

表 9.3 中给出了求解此问题的 Galerkin 解, 边界节点法的结果及基本解法的结果. 其中, 我们假设正方形的边界长度为 1. 在使用基本解法时, 虚边界选取在以正方形的中心为圆中心, 半径为 $2e$ 的圆上, BKM 中的参数 $c = 0.02$. 测试点为 50×50 均匀分布的测试点.

表 9.3　正方形薄板的数值结果

	解析解	Galerkin(1)	Galerkin(2)	MFS(20)	MFS(40)
数值解	0.0202	0.0213	0.0205	0.0202	0.0203
相对误差	0.0%	5.4%	1.5%	0.0%	0.5%
	MFS(60)	BKM(16)	BKM(32)	BKM(48)	
数值解	0.0202	0.0202	0.0202	0.0204	
相对误差	0.0%	0.0%	0.0%	1.0%	

注: 1. 最大扰度值为: $w_{max} = \alpha \dfrac{q_0 a^4}{D}$.

2. Galerkin(1)中, 扰度选取为 $w = C_2(x^2 - a^2)^2 (y^2 - a^2)^2$, 而 Galerkin(2)中 $w = C_{11}\left(1 + \cos\dfrac{\pi x}{a}\right)\left(1 + \cos\dfrac{\pi y}{a}\right)$.

从上例中可以看出, 基本解法和边界节点法在很少的点的情况下均能获得很好的结果, 而 Galerkin 法中的扰度表达式的选取需要的一定的经验公式, 并且无网格方法从形式上来讲比能量变分法等传统方法更加简单有效.

上述两个算例中我们均直接采用解析法求出方程的特解, 将非齐次方程转化

为齐次方程. 当方程的特解无法通过解析法求得时, 我们需要采取特殊的方法来求解方程的特解, 如双向互惠法等. 当求出方程的特解后, 可以直接使用边界节点法求解此类问题, 这里我们不再给出算例.

9.4　本 章 结 论

本章首先推导出薄板小扰度弯曲定解问题的控制方程及边界条件, 然后我们采用边界节点法和基本解法计算了圆形和方形薄板在不同边界条件下的问题, 数值结果较好, 当问题不受横向荷载时, 可以直接使用边界节点法, 而当存在均匀荷载时, 我们首先通过解析的方法求得方程的特解, 然后使用边界节点法去求解. 此方法比一般的能量变分法计算简单得多并且计算结果准确得多. 当所受荷载比较复杂的情况下, 我们需要通过特殊方法求解出特解, 如双向互惠法, 将非齐次方程转化为齐次方程. 从而进一步使用边界节点法求解.

第 10 章　薄板自由振动问题分析

第 9 章中我们讨论了薄板小扰度弯曲问题的定解问题, 本章中我们考虑薄板的自由振动问题. 关于薄板的自由振动问题, 我们只考虑垂直于中面方向的横向振动问题[249].

10.1　薄板自由振动数学模型

假设薄板在平衡位置的扰度为 $w_e = w_e(x, y)$, 这时, 薄板所受的横向静荷载为 $q = q(x, y)$. 那么此弹性曲面的微分方程为

$$DV^4 w_e = q \tag{10-1}$$

式(10-1)表示, 薄板每单位面积上所受的弹性力和它所受的横向荷载之间的平衡.

假设薄板在振动过程中的任意时刻 t 的扰度值为 $w_t = w_t(x, y, t)$, 那么薄板每单位面积上在该瞬时荷载时所受的弹性力为 $DV^4 w_t$, 那么由于横向荷载 q 和惯性力 q_i 与弹性力保持平衡, 得

$$DV^4 w_t = q + q_i \tag{10-2}$$

此时薄板的加速度为 $\dfrac{\partial^2 w_t}{\partial t^2}$, 那么每单位上的惯性力为

$$q_i = -\bar{m} \frac{\partial^2 w_t}{\partial t^2} \tag{10-3}$$

其中 $\bar{m}$ 为薄板每单位内的质量, 由两个部分组成: 薄板本身的重量和随同薄板振动的质量, 那么方程(10-2)可以改写为

$$DV^4 w_t = q - \bar{m} \frac{\partial^2 w_t}{\partial t^2} \tag{10-4}$$

将(10-4)与(10-1)相减, 得到

$$DV^4 \left(w_t - w_e \right) = -\bar{m} \frac{\partial^2 w_t}{\partial t^2} \tag{10-5}$$

由于 w_e 不随时间变化, 那么 $\dfrac{\partial^2 w_e}{\partial t^2} = 0$, 上式可以写为

$$D\nabla^4\left(w_t - w_e\right) = -\bar{m}\frac{\partial^2}{\partial t^2}\left(w_t - w_e\right) \tag{10-6}$$

为了简便起见，我们将薄板的扰度不从平面的位置量起而从平衡位置量起，那么薄板在任一瞬时的扰度为 $w = w_t - w_e$，那么式(10-6)转化为

$$D\nabla^4\left(w_t - w_e\right) = -\bar{m}\frac{\partial^2 w}{\partial t^2} \tag{10-7}$$

或者为

$$\nabla^4 w + \frac{\bar{m}}{D}\frac{\partial^2 w}{\partial t^2} = 0 \tag{10-8}$$

这就是薄板自由振动的微分方程.

假设 w 可以写成调和函数的形式即

$$w(r,t) = e^{iwt}W(r) \tag{10-9}$$

其中 $i = \sqrt{-1}$ 为复数域中的虚数单位. 那么方程(10-8)可以转化为

$$\nabla^4 w - k^4 W = 0 \tag{10-10}$$

其中 k 为薄板的频率参数.

10.2　薄板自由振动的边界条件

薄板自由振动所满足的边界条件和薄板静力学问题一样. 为了保证解的唯一性，这里我们主要考虑以下四类边界条件：

(1) 位移边界条件

$$U = W(r) = 0 \tag{10-11}$$

其中边界节点的外法线方向变化的角度定义为

$$\theta = \frac{\partial W}{\partial n} \tag{10-12}$$

(2) 弯矩条件如下

$$M = \frac{\partial^2 W(r)}{\partial n^2} + v\frac{\partial^2 W(r)}{\partial \tau^2} = 0 \tag{10-13}$$

(3) 与 z 轴平行的自由边的有效剪切力满足

$$V = \frac{\partial^3 W(r)}{\partial n^3} + \left(2 - v\right)\frac{\partial^3 W(r)}{\partial \tau^2 \partial n} = 0 \tag{10-14}$$

(4) 多边形自由边角点的集中力满足

$$R = \frac{\partial^2 W(r)}{\partial n \partial \tau} = 0 \tag{10-15}$$

其中 n, τ 分别代表外法线向量和切线方向.

10.3　薄板自由振动的边界节点法

下面我们介绍边界节点法求解薄板自由振动问题的基本步骤. 现已知方程 (10-10)的非奇异一般解为

$$W(r) = J_0(kr) + I_0(kr) \tag{10-16}$$

其中 J_0 和 I_0 分别代表零阶贝塞尔函数和零阶第一类修正贝塞尔函数, r 为各边界节点之间的欧几里得距离. 为了使用边界节点法求解这类问题我们首先将物理边界进行离散, 如图 10.1 所示.

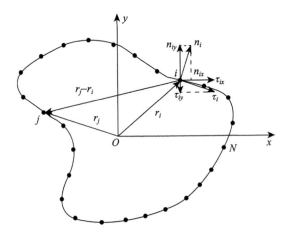

图 10.1　任意形状薄板自由振动模型示意图,其中 n_{ix}, n_{iy}, τ_{ix}, τ_{iy} 分别为 i 点的外法线
向量和切向量的水平分量与垂直分量

图 10.1 中将问题的物理边界划分为 N 个部分, 那么第 i 个点的振动模量通过与 i 个点相关的其余各点的线性组合来表示, 如下

$$W(r_i) = \sum_{j=1}^{N} \left[A_j J_0(kr_{ij}) + B_j I_0(kr_{ij}) \right] \quad (i, j = 1, 2, \cdots, N) \tag{10-17}$$

其中 A_j 和 B_j 为待求的未知参数. 上述描述中采用了问题的非奇异一般解的线性组合来拟合问题的解, 这即是边界节点法的主要思想. 由于方程(10-17)已经满足控制方程, 那么我们只要将方程(10-17)满足边界条件即可, 下面介绍如何将方程

(10-17)强制满足边界条件.

对于边界条件(10-11)：

$$W(r_i) = \sum_{j=1}^{N} \left[A_j J_0(kr_{ij}) + B_j I_0(kr_{ij}) \right]$$

$$= \sum_{j=1}^{N} \left[A_j U^J + B_j U^I \right] = 0 \tag{10-18}$$

外法向方向角度变化为

$$\frac{\partial W(r_i)}{\partial n_i} = \sum_{j=1}^{N} \left[A_j \frac{\partial}{\partial n_i} J_0(kr_{ij}) + B_j \frac{\partial}{\partial n_i} I_0(kr_{ij}) \right]$$

$$= \sum_{j=1}^{N} \left[A_j \theta^J + B_j \theta^I \right] = 0 \tag{10-19}$$

具体过程如下

$$\frac{\partial}{\partial n_i} J_0(kr_{ij}) = -k J_1(kr_{ij}) \left(n_{ix} \cos\theta_{ij} + n_{iy} \sin\theta_{ij} \right) \tag{10-20}$$

$$\frac{\partial}{\partial n_i} I_0(kr_{ij}) = k I_1(kr_{ij}) \left(n_{ix} \cos\theta_{ij} + n_{iy} \sin\theta_{ij} \right) \tag{10-21}$$

对于边界条件(10-13)

$$\left(\frac{\partial^2}{\partial n_i^2} + v \frac{\partial^2}{\partial \tau_i^2} \right) W(r_i)$$

$$= \sum_{j=1}^{N} \left[A_j \left(\frac{\partial^2}{\partial n_i^2} + v \frac{\partial^2}{\partial \tau_i^2} \right) J_0(kr_{ij}) + B_j \left(\frac{\partial^2}{\partial n_i^2} + v \frac{\partial^2}{\partial \tau_i^2} \right) I_0(kr_{ij}) \right]$$

$$= \sum_{j=1}^{N} \left[A_j M^J + B_j M^I \right] = 0 \tag{10-22}$$

具体过程如下：

$$\frac{\partial^2}{\partial n_i^2} J_0(kr_{ij}) = -k^2 J_0(kr_{ij}) \left(n_{ix} \cos\theta_{ij} + n_{iy} \sin\theta_{ij} \right)^2$$

$$+ \frac{k}{r} J_1(kr_{ij}) \left(n_{ix}^2 - n_{iy}^2 \right) \left(n_{ix} \cos^2\theta_{ij} - n_{iy} \sin^2\theta_{ij} \right) \tag{10-23}$$

$$\frac{\partial^2}{\partial n_i^2} I_0(kr_{ij}) = k^2 I_0(kr_{ij}) \left(n_{ix} \cos\theta_{ij} + n_{iy} \sin\theta_{ij} \right)^2$$

$$- \frac{k}{r} I_1(kr_{ij}) \left(n_{ix}^2 - n_{iy}^2 \right) \left(\cos^2\theta_{ij} - \sin^2\theta_{ij} \right) \tag{10-24}$$

$$\frac{\partial^2}{\partial \tau_i^2} J_0(kr_{ij}) = -k^2 J_0(kr_{ij})\left(\tau_{ix}\cos\theta_{ij} + \tau_{iy}\sin\theta_{ij}\right)^2$$

$$+\frac{k}{r} J_1(kr_{ij})\left(\tau_{ix}^2 - \tau_{iy}^2\right)\left(\cos^2\theta_{ij} - \sin^2\theta_{ij}\right) \qquad (10\text{-}25)$$

$$\frac{\partial^2}{\partial \tau_i^2} I_0(kr_{ij}) = k^2 I_0(kr_{ij})\left(\tau_{ix}\cos\theta_{ij} + \tau_{iy}\sin\theta_{ij}\right)^2$$

$$-\frac{k}{r} I_1(kr_{ij})\left(\tau_{ix}^2 - n_y^2\right)\left(\cos^2\theta_{ij} - \sin^2\theta_{ij}\right) \qquad (10\text{-}26)$$

对于边界条件(10-14)

$$\left[\frac{\partial^3}{\partial n_i^3} + (2-v)\frac{\partial^3}{\partial \tau_i^2 \partial n_i}\right] W(r_i) = \sum_{j=1}^{N}\left\{ A_j \left[\frac{\partial^3}{\partial n_i^3} + (2-v)\frac{\partial^3}{\partial \tau_i^2 \partial n_i}\right] J_0(kr_{ij}) \right.$$

$$\left. + B_j \left[\frac{\partial^3}{\partial n_i^3} + (2-v)\frac{\partial^3}{\partial \tau_i^2 \partial n_i}\right] J_0(kr_{ij}) \right\}$$

$$= \sum_{j=1}^{N}\left[A_j V^J + B_j V^I \right] = 0 \qquad (10\text{-}27)$$

具体过程如下

$$\frac{\partial^3}{\partial n_i^3} J_0(kr_{ij}) = \left[\left(k^3 - \frac{2k}{r^2}\right) J_1(kr_{ij}) + \frac{k^2}{r} J_0(kr_{ij})\right]\left(n_{ix}\cos\theta_{ij} + n_{iy}\sin\theta_{ij}\right)^3$$

$$+ \left[\frac{6k}{r^2} J_1(kr_{ij}) - \frac{3k^2}{r} J_0(kr_{ij})\right]$$

$$\cdot \left(n_{ix}^3 \sin\theta_{ij} + n_{iy}^3 \cos\theta_{ij}\right)\sin\theta_{ij}\cos\theta_{ij} \qquad (10\text{-}28)$$

$$\frac{\partial^3}{\partial \tau_i^2 n_i} J_0(kr_{ij}) = \left[\left(k^3 - \frac{2k}{r^2}\right) J_1(kr_{ij}) + \frac{k^2}{r} J_0(kr_{ij})\right]$$

$$\cdot \left(n_{ix}\tau_{ix}^2 \cos^3\theta_{ij} + n_{iy}\tau_{iy}^2 \sin^3\theta_{ij}\right)$$

$$+ \left[\frac{6k}{r^2} J_1(kr_{ij}) - \frac{3k^2}{r} J_0(kr_{ij})\right]$$

$$\left(n_{ix}\tau_{ix}^2 \sin\theta_{ij} + n_{iy}\tau_{iy}^2 \cos\theta_{ij}\right)\sin\theta_{ij}\cos\theta_{ij} \qquad (10\text{-}29)$$

$$\frac{\partial^3}{\partial n_i^3} I_0(kr_{ij}) = \left[\left(k^3 + \frac{2k}{r^2}\right) I_1(kr_{ij}) - \frac{k^2}{r} I_0(kr_{ij})\right]\left(n_{ix}\cos\theta_{ij} + n_{iy}\sin\theta_{ij}\right)^3$$

$$- \left[\frac{6k}{r^2} I_1(kr_{ij}) - \frac{3k^2}{r} I_0(kr_{ij})\right]$$

$$\cdot\left(n_{ix}^3 \sin\theta_{ij} + n_{iy}^3 \cos\theta_{ij}\right)\sin\theta_{ij}\cos\theta_{ij} \tag{10-30}$$

$$\frac{\partial^3}{\partial\tau_i^2 n_i}I_0(kr_{ij}) = \left[\left(k^3 + \frac{2k}{r^2}\right)I_1(kr_{ij}) - \frac{k^2}{r}I_0(kr_{ij})\right]$$

$$\left(n_{ix}\tau_{ix}^2\cos^3\theta_{ij} + n_{iy}\tau_{iy}^2\sin^3\theta_{ij}\right)$$

$$-\left[\frac{6k}{r^2}I_1(kr_{ij}) - \frac{3k^2}{r}I_0(kr_{ij})\right]$$

$$\cdot\left(n_{ix}\tau_{ix}^2\sin\theta_{ij} + n_{iy}\tau_{iy}^2\cos\theta_{ij}\right)\sin\theta_{ij}\cos\theta_{ij} \tag{10-31}$$

对于边界条件(10-15)

$$\frac{\partial^2 W(r_i)}{\partial n_i \partial \tau_i} = \sum_{j=1}^{N}\left[A_j \frac{\partial^2}{\partial n_i \partial \tau_i}J_0(kr_{ij}) + B_j \frac{\partial^2}{\partial n_i \partial \tau_i}I_0(kr_{ij})\right]$$

$$= \sum_{j=1}^{N}\left[A_j R^J + B_j R^I\right] = 0 \tag{10-32}$$

需要说明的是上述推导过程中，n_{ix}，n_{iy} 和 τ_{ix}，τ_{iy} 分别代表外法线向量 $n_i = n_{ix}x + n_{iy}y$ 和 $\tau_i = \tau_{ix}x + \tau_{iy}y$ 的水平分量和垂直分量，θ_{ij} 代表两点间连线构成的向量与 x 轴之间的夹角. 当 $i=j$ 时，通过 L'Hospital 法则求得 $\cos\theta_{ij} = \sin\theta_{ij} = \frac{\sqrt{2}}{2}$.
另外为了运算方便我们使用了下面的近似手段:

$$J_1(kr) = \frac{1}{2}kr - \frac{1}{16}k^3r^3 + \frac{1}{384}k^5r^5 + O(r^6) \tag{10-33}$$

$$I_1(kr) = \frac{1}{2}kr + \frac{1}{16}k^3r^3 + \frac{1}{384}k^5r^5 + O(r^6) \tag{10-34}$$

通过以上的分析，方程 (10-11)和 (10-13)~(10-15) 写为矩阵形式如下

$$\begin{bmatrix} U^J & U^I \\ \theta^J & \theta^I \\ \dot{M}^J & M^I \\ V^J & V^I \\ R^J & R^I \end{bmatrix}\begin{bmatrix} A \\ B \end{bmatrix} = 0 \tag{10-35}$$

不失一般性，以任意形状的简支板为例. 任意形状的简支板的边界条件如下

$$U^J A + U^I B = 0 \tag{10-36}$$

$$M^J A + M^I B = 0 \tag{10-37}$$

由于方程的解存在性, 可以从公式 (10-36) 的中得出 B 的表达式如下

$$B = -\left[U^I\right]^{-1} U^J A \qquad (10\text{-}38)$$

将(10-38)代入 (10-37)中,可以得到

$$\left[M^J - M^I\left[U^I\right]^{-1} U^J\right] A = [SS] A = 0 \qquad (10\text{-}39)$$

其中 $[SS] = M^J - M^I\left[U^I\right]^{-1} U^J$ 为系数矩阵.

由于方程(10-36)~(10-37)具有非零解, 因此矩阵方程的行列式必须为零, 即

$$\det[SS[k]] = 0 \qquad (10\text{-}40)$$

由此我们可以得出简支板频率参数 k, 由于 $k = \sqrt[4]{\dfrac{\overline{m} w^2}{D}}$, 可以求出简支板的自然频率. 下面内容中, 我们用 $[S-SSSF(k)]$ 表示三边简支一边为自由边的单位正方形薄板的系数矩阵, 用 $[A-SSSS(k)]$ 表示任意形状简支板的系数矩阵.

10.4 数 值 算 例

10.4.1 任意形状简支板

如图 10.2(a)所示的任意形状的简支板, 在边界上分布着 $4N-4$ 个边界节点. 图 10.2(b)表示了部分边界节点的外法线方向和切线方向. 其中角点的外法线向量和切线向量为相邻两个光滑边界的外法线向量和切向量的和.

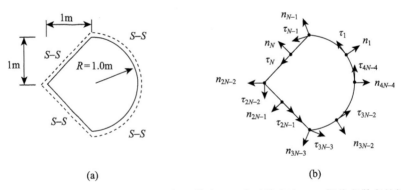

(a)   (b)

图 10.2 (a) 任意形状薄板几何结构示意图,其中[S-S]表示简支边. (b) 部分离散点的切线和
法线向量示意图, 其中每条边使用 N 个点进行离散, n_i 和 τ_i 分别代表第 i 点的法线
向量和切线向量

　　图 10.2 所示的简支板的特征值由 $\det[A - SSSS(k)] = 0$ 计算得到, 计算结果如图 10.3 所示, 其中纵坐标我们采用对数坐标. 图 10.3 波谷我们采用 SK 表示, 代表着简支板的真实特征值; 波峰我们采用 MK 表示, 代表着虚假的特征值, 将会在文章中具体阐述.

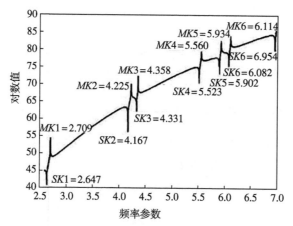

图 10.3　[A-SSSS]薄板自由振动频率对数曲线图, ($N=6$, $v=0.3$)其中 SK 表示[A-SSSS]板的频率参数, MK 表示对应的频率参数(the frequency parameter)

　　从图 10.3 中我们可以看出计算结果中产生了虚假的特征值,给出以下的一些解释: 由于计算 $\det[A - SSSS(k)] = 0$ 时, 我们需要计算 $\dfrac{\partial^2 J_0(kr)}{\partial n^2}$, $\dfrac{\partial^2 J_0(kr)}{\partial \tau^2}$, $\dfrac{\partial^2 I_0(kr)}{\partial n^2}$, $\dfrac{\partial^2 I_0(kr)}{\partial \tau^2}$, 但是当取到特定的频率 k 时, 这些函数将趋于奇异. 这样为了避免虚假的特征值的产生, 我们必须将系数矩阵由 $2N \times 2N$ 降维到 $N \times N$, 这样做将会使得系数矩阵变得奇异或近奇异. 值得注意的是, 在处理正方形简支板时, 并不会产生虚假的特征值, 所以无须对系数矩阵进行特殊处理. 但是具体机理我们还不是很清楚.

　　由于此算例中, 我们无法取得其解析解, 所以我们使用有限元软件 ANSYS 的求解结果作为参考结果. 表 10.1 中, 我们列举了一些比较的结果, 从表 10.1 中可以看出, 使用边界节点法求得的结果与使用 ANSYS 软件求得的结果拟合得很好, 并且两者之间的最大的误差保持在 1.02% 之内.

表 10.1　[A-SSSS]薄板频率数值结果

参数			边界节点法			ANSYS
	$N=6$	相对误差	$N=7$	相对误差	$N=997$	$N=5419$
SS1	2.647	1.015%	–	–	2.619	2.620

续表

参数			边界节点法			ANSYS
$SS2$	4.167	−0.091%	4.17	−0.091%	4.168	4.171
$SS3$	4.331	0.437%	4.332	0.496%	4.310	4.311
$SS4$	5.523	−0.087%	5.535	0.130%	5.523	5.528
$SS5$	5.902	0.075%	5.902	0.075%	5.895	5.898
$SS6$	6.082	0.012%	6.085	0.061%	6.079	6.081
$SS7$	6.954	−0.297%	6.971	−0.053%	6.96	6.975

注：边界节点法总点数等于 $4N-4$，对于 ANSYS 总单元数为 N，"–"表示由于条件数太大而无法计算结果.

10.4.2　混合型边界条件薄板算例分析

不失一般性, 我们以矩形薄板为例. 考虑如图 10.4(a)所示的单位矩形薄板三边简支一边为自由边, 我们用 $[SSSF]$ 来表示三边简支一边为自由边的薄板.

薄板的边界上均匀分布着 $4N-4$ 个边界节点. 边界节点的外法线向量如图 10.4(b)所示.

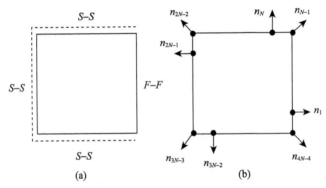

图 10.4　(a)三边简支一边自由边$[SSSF]$单位矩形薄板几何结构示意图, 其中$[S-S]$表示简支边$[F-F]$为自由 B 边. (b)部分离散点法线向量示意图, 其中每条边使用 N 个点进行 n_i、第 i 点的法线向量

图 10.4 所示的简支板的频率特征值由 $\det[S - SSSF(k)] = 0$ 计算得到, 计算结果如图 10.5 所示, 其中纵坐标我们采用对数坐标. 图 10.5 所示波谷我们采用 SF 表示, 代表着简支板的真实特征值; 波峰我们采用 SS 表示, 代表着虚假的特征值.

为了直观地说明边界节点的有效性, 我们选取了部分结果呈现在表 10.2 和表 10.3 中. 从表 10.3 中我们可以看出使用边界节点法求解出的数值结果几乎与解析解一致, 尽管我们只选取了很少的边界节点值. 需要说明的是, 当频率参数比较大时, 我们需要选取更多的边界节点来获得同样的精度.

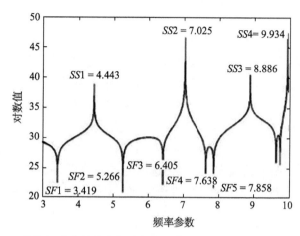

图 10.5 [SSSF]单位矩形薄板自由振动频率对数曲线图, (N=6, ν=0.3),其中 SF 表示
[SSSF]板的频率参数, SS 表示对应的频率参数

表 10.2 [SSSS]薄板频率数值结果

参数	边界节点法						解析解
	N=6	相对误差	N=7	相对误差	N=8	相对误差	
SS1	4.443	0.000%	–	–	–	–	4.443
SS2	7.025	0.000%	7.025	0.000%	7.025	0.000%	7.025
SS3	8.886	0.000%	8.886	0.000%	8.886	0.000%	8.886
SS4	9.934	−0.006%	9.935	0.000%	9.935	0.000%	9.935

注: 边界节点法总点数等于 4N−4, "–"表示由于条件数太大而无法计算结果.

表 10.3 [SSSF]薄板频率数值结果

参数	边界节点法						解析解
	N=6	相对误差	N=7	相对误差	N=8	相对误差	
SF1	3.419	0.029%	–	–	–	–	3.418
SF2	5.226	−0.040%	5.269	0.019%	–	–	5.268
SF3	6.405	−0.218%	6.421	0.031%	–	–	6.419
SF4	7.638	−0.218%	7.671	−0.182%	7.686	0.016%	7.685
SF5	7.858	−0.089%	7.866	0.013%	7.865	0.003%	7.865
SF6	9.624	1.279%	9.415	−0.916%	9.533	0.326%	9.502

注: 边界节点法总点数等于 4N−4, "–"表示由于条件数太大而无法计算结果.

10.5 本 章 结 论

上述分析表明, 边界节点法能够处理薄板自由振动问题. 从算例结果中我们也可以看出, 由边界节点法所得到的结果精度非常之高. 另一个值得注意的问题是由于虚拟频率的产生, 我们必须将 $2N \times 2N$ 的矩阵转化为 $N \times N$ 的矩阵, 然而这样会造成矩阵的奇异性. 从上述分析中也可以看出, 尽管无网格边界节点法算法简单, 但是在求解贝塞尔函数时还是相当耗时的, 并且由边界节点法生成的系数矩阵为满阵, 并且条件数极大, 所以当选取的点的数目达到一定水平时, 我们必须采用特殊的方法求解这个稠密矩阵方程, 如第 8 章中的 FMM 等.

第 11 章　超薄涂层热传导分析

超薄涂层结构的数值模拟一直是工程中的难点之一. 涂层结构本身具有超薄性和多域性, 在计算过程中会带来很大的困难, 尚没有任何有效和稳定的计算方法可以解决此类问题. 本章采用区域边界节点法, 分析了超薄涂层中的温度分布和热流分布.

11.1　超薄涂层计算的主要困难

随着人们科学水平的发展, 涂层材料 20 世纪也迅猛发展. 涂层材料的种类很多, 但是涂层材料大致可以按照其使用功能和其材料本身的组成成分来分类. 按照其使用功能来分类, 涂层材料可以分为: 防火涂层材料、防腐蚀涂层材料、抗氧化涂层材料等. 按照其材料本身的组成成分来分类, 涂层材料又可以分为氧化钛涂层材料和等离子涂层材料等[250]. 涂层材料发展到现在, 人们将机械表面涂有的所有涂层材料的组合称为涂层结构, 在涂层结构内包含的所有涂层材料称为涂层, 涂层可以由几种涂层材料共同组成. 涂层结构可以很大改善原材料器件的物理特性, 大幅度提高材料的抗热、抗氧化、抗疲劳等特性, 提高原材料器件的使用寿命和使用效率. 而在各种各样的涂层结构当中, 存在着一种特殊的超薄涂层结构. 它的应用非常广泛, 并且十分重要, 它涉及的研究技术往往是各个国家的核心技术. 例如, 飞机发动机叶片上涂抹的热障涂层, 它是保证飞机发动机使用寿命的关键, 如何涂抹发动机叶片上的超薄涂层材料、如何计算模拟超薄涂层材料内部的物理量, 都是研究的热题. 而对超薄涂层的研究, 也发展出各种各样的方法[251-253], 但这些方法都是以实验方法为主, 缺少有效数值模拟的方法.

超薄涂层结构和其他涂层结构的不同之处在于, 超薄涂层结构比一般涂层结构要薄很多, 往往是在微米甚至纳米级别. 并且超薄涂层往往由多种不同的涂层材料共同组成, 这些涂层材料之间的物理特性可能差别很大. 我们以飞机发动机的叶片中使用的热障涂层为例, 如图 11.1 所示, 我们可以发现发动机叶片的超薄涂层中每一层的涂层材料都很薄, 达到微米级别, 并且组成的涂层材料也各不相同. 这样的组成结构使得发动机的叶片在高温的情况下不被熔化, 延长了发动机的使用寿命. 这时要想研究超薄涂层对发动机寿命的影响, 了解超薄涂层结构的内部信息就成为了研究关键. 如果有方法模拟超薄涂层内部细微的温度分布, 我们就能更合理地设计出更好的涂层结构, 再次大幅度提高我们发动机的使用寿命, 给社会带来巨大的经济效益. 这就需要我们发展有效的研究方法来处理这样的问题, 而对于这方面的研究, 目前主要还是以实验方法为主, 缺少有效的数值模拟方法来分析和模拟超薄涂层内部的物理量, 给超薄涂层的研究以理论性指导. 在这样的情况下, 发展出有效的数值模拟超薄涂层的方法是非常有必要的.

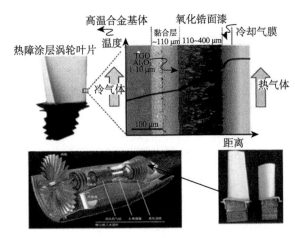

图 11.1   飞机发动机叶片中的热障涂层

飞机发动机中的热障涂层对于我们现有的计算方法中, 传统的网格方法, 例如, 有限单元法、有限差分法和边界元法, 虽然已经被广泛应用于各种工程材料的热传导问题及其他很多工程问题. 但是, 对于超薄涂层的应用分析并不是很多, 因为传统的网格法的缺点在于网格的划分. 对于超薄涂层而言, 当涂层厚度减少时, 长厚比增大, 有限单元法和有限差分法为了获得精确的计算结果, 避免畸形单元, 必须将网格划分得非常细, 网格数量急剧增加, 计算量急剧增大, 如图 11.2 所示. 这给传统的网格计算方法带来很大的困难. 尤其是当遇到厚度为纳米级的涂层结构时, 要想利用有限差分法或者有限单元法来计算出涂层内部的物理量几乎不可能实现. 有限元模拟超薄涂层的网格数量对比如图 11.2 所示.

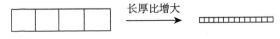

图 11.2   有限元模拟超薄涂层的网格数量对比

边界元法作为一种边界型方法, 只需要边界条件, 不需要计算内域信息, 因此在计算量上相比于有限单元法有所下降, 而涂层结构的内部信息往往在工程实践中非常难以获得, 所以边界元法通过了过去几十年的发展, 已经被用于解决涂层结构中的一些问题, 例如涂层热传导问题和涂层应力的问题等[251, 252]. 但是边界元法中的奇异和近似奇异积分的处理是相当复杂的, 尤其是在遇到复杂几何形状的时候, 近似奇异积分的处理需要非常仔细. 更重要的是, 边界元法作为传统的网格法, 在处理三维或者更高维问题的时候比较麻烦, 至今仍然是计算力学当中的一个难题. 而无网格方法, 不需要网格划分, 给涂层的模拟计算带来了希望, 由于该方法的提出时间不长, 据作者所了解, 目前还很少有人利用径向基函数无网格方法来计算和模拟涂层问题. 无网格方法又分为边界型无网格方法和域型无网格方法. 对于超薄涂层而言, 往往我们只能知道边界条件, 内部的条件非常难获得. 因此在径向基函数无网格方法中, 需要内部点信息的域型径向基函数无网格方法, 可能难以应用到超薄涂层的实际问题的模拟分析当中. 而边界型径无网格方法, 例如, 基本解法、奇异分解法、边界节点法都可能应用于超薄涂层问题的计算和模拟当中[253], 并且这些方法在过去的发展中, 已经有效地解决了边界元的核函数在计算超薄涂层过程中产生的奇异性问题. 但是由于超薄涂层往往是由两种或两种以上不同材料共同组成的, 所以这些方法要真正应用到超薄涂层的模拟与计算中, 还是有一定难度.

11.2　超薄涂层热传导问题

涂层技术是近几十年发展起来的新技术, 目前已经广泛应用于各个领域. 但是涂层的计算模拟目前还是处于一个较新的领域. 其中, F. Du 等在 2001 年使用了边界元法对温度涂层问题进行了分析[254], 但由于其缺少计算超奇异积分的有效算法, 因此不能计算出子域涂层内的温度场. 程长征基于线性几何单元模型导出了超奇异积分的解析公式, 并有效分析了涂层中的温度场和热流的分布[255]. 基于线性几何单元模型, J. F. Luo 也对弹性薄体和温度涂层结构进行了研究[256]. 但是使用线性几何单元模型有其自身的局限性, 因此他们只能给出边界面力, 无法计算边界的切应力和内部点的应力. 张耀明利用二次单元逼近真实边界, 成功地使用改进的边界单元法计算出二维的温度涂层[257]. 本章引入区域分解法[258]的思想, 在传统的边界节点法的基础上, 针对超薄涂层由多种不同材料组成的特点, 提出了区域边界节点法来模拟分析超薄涂层的热传导问题.

区域分解法的思想是基于德国数学家 H. A. Schwarz 在 1870 年提出的椭圆理论和 P. L. Lions 在 1986 年提出的变分理论而提出来的, 目前被应用于各个领域, 例如

复杂流体的计算、子域空间的预处理等. 区域分解法主要是用于解决边值问题, 该
方法的核心思想是通过将一个问题的计算域, 分解为多个子域, 然后通过迭代相
邻子域的边界条件来求解整个计算域的边值. 当子域当中有一个或者几个未知数
的时候, 我们就可以使用区域分解法来求解. 由于划分出来的子域都是相互独立
的, 因此该方法也被广泛应用于并行的算法当中. 区域分解法分为重叠型区域分
解法和非重叠型区域分解法, 重叠型区域分解法的两个子域交汇的区域往往大于
它们的接触面, 而非重叠型区域分解法的关键是在两个子域的接触面, 如图 11.3
所示.

图 11.3   (a)重叠型区域分解法, (b)非重叠型区域分解法

涂层结构属于非重叠型区域分解法的范围. 对于非重叠型区域分解法而言,
主要是考虑接触的边界条件来相互迭代. 在非重叠型区域分解法最初的方法当中,
例如, 平衡区域分解法(Balancing Domain Decomposition, BDDC), 是考虑子域之间
接触面的平衡条件相同, 然后以一个子域的边界条件来代替另外一个子域的边界
条件, 通过互相迭代计算出结果. 而对于涂层结构而言, 我们也引入这样的思想,
将涂层的整个计算域分解成为互相独立的几个计算域, 利用涂层材料之间的公共
边的连续条件, 就可以把传统的边界节点法由原来只适合单个计算域的分析扩展
到区域个计算域当中.

11.3   区域边界节点法

为了更好地说明区域边界节点法的思想, 我们以一个稳态热传导的例子来说
明. 我们将涂层问题分为两个计算域, 如图 11.4所示. $\Omega=\Omega_1\bigcup\Omega_2$, 子域 Ω_1 为单层
的涂层结构, 子域 Ω_2 为常规的结构. Ω_1 的边界为 B_1, Ω_2 的边界为 B_2, 它们的公
共边界为 B_I.

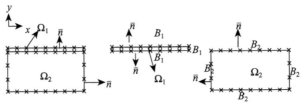

图 11.4   计算域涂层结构图

温度涂层问题的各个子域中的温度 q_h 满足以下拉普拉斯控制方程边值问题:

$$\Delta q_h(X) = 0, \quad X = (x, y) \in \Omega \tag{11-1}$$

$$q_h(X) = G(X), \quad X = (x, y) \in B_D \tag{11-2}$$

$$\frac{\partial q_h(X)}{\partial n} = F(X), \quad X = (x, y) \in B_N \tag{11-3}$$

其中 $\Delta = \dfrac{\partial^2}{\partial x^2} + \dfrac{\partial^2}{\partial y^2}$ 为拉普拉斯算子. $G(X)$ 和 $F(X)$ 分别是 Dirichlet 边界条件 B_D 和 Neumann 边界条件 B_N 上的已知函数. $B = B_D \bigcup B_N$ 为整个计算域的边界, B_I 为两个子域的公共边界, $B = B_1 \bigcup B_2 \bigcup B_I$.

对于图 11.4 中 Ω_1 的边界为 B_I 和 B_1, 可以通过边界节点法离散方程 (11-1)~(11-3)

$$\left[G^1 \right] \left(\begin{matrix} \{\alpha^1\} \\ \{\alpha_I^1\} \end{matrix} \right) = \{U^1\} \tag{11-4}$$

$$\left[G_I^1 \right] \left(\begin{matrix} \{\alpha^1\} \\ \{\alpha_I^1\} \end{matrix} \right) = \{U_I^1\} \tag{11-5}$$

$$\left[F^1 \right] \left(\begin{matrix} \{\alpha^1\} \\ \{\alpha_I^1\} \end{matrix} \right) = \{Q^1\} \tag{11-6}$$

$$\left[F_I^1 \right] \left(\begin{matrix} \{\alpha^1\} \\ \{\alpha_I^1\} \end{matrix} \right) = \{Q_I^1\} \tag{11-7}$$

其中 G_I^1 和 F_I^1 为无奇异基函数在边界 B_I 上形成的系数矩阵, G^1 和 F^1 为无奇异基函数在边界 B_1 上形成的系数矩阵, U_I^1 和 Q_I^1 为公共边界 B_I 上的温度和热流量, U^1 和 Q^1 为边界 B_1 上的温度和热流量. α_I^1 和 α^1 分别为 B_I 和 B_1 对应的未知系数.

同样对于区域 Ω_2 上的边界 B_I 和 B_2, 有

$$\left[G^2 \right] \left(\begin{matrix} \{\alpha^2\} \\ \{\alpha_I^2\} \end{matrix} \right) = \{U^2\} \tag{11-8}$$

$$\left[G_I^2 \right] \left(\begin{matrix} \{\alpha^2\} \\ \{\alpha_I^2\} \end{matrix} \right) = \{U_I^2\} \tag{11-9}$$

$$\left[F^2\right]\begin{pmatrix}\{\alpha^2\}\\\{\alpha_I^2\}\end{pmatrix}=\{Q^2\} \tag{11-10}$$

$$\left[F_I^2\right]\begin{pmatrix}\{\alpha^2\}\\\{\alpha_I^2\}\end{pmatrix}=\{Q_I^2\} \tag{11-11}$$

其中 G_I^2 和 F_I^2 为无奇异基函数在边界 B_I 上形成的系数矩阵, G^2 和 F^2 为无奇异基函数在边界 B_2 上形成的系数矩阵, U_I^2 和 Q_I^2 为公共边界 B_I 上的温度和热流量, α_I^2 和 α^2 分别为 B_I 和 B_2 对应的未知系数, U^2 和 Q^2 为边界 B_2 上的温度和热流量.

对于整个计算域来说, 在公共边界 B_I 上 Q 和 U 都是未知的, 那么我们需要引进其他条件使得方程组的数量和未知数相等, 来保证方程组有唯一解. 引进的条件如下:

(1) 由 B_I 上的温度协调条件有

$$U_I^1=U_I^2 \tag{11-12}$$

(2) 由热流密度协调条件可以得到

$$K_1Q_I^1 + K_2Q_I^2 = 0 \tag{11-13}$$

其中 K_1 和 K_2 分别表示 Ω_1 和 Ω_2 的热传导系数, 由条件(11-4)~(11-13)可以得出如下的矩阵方程:

$$\begin{bmatrix}\left[G^1\right] & [0]\\\left[G_I^1\right] & -\left[G_I^2\right]\\\left[F_I^1\right] & -\dfrac{K_2}{K_1}\left[F_I^2\right]\\ [0] & \left[G^2\right]\end{bmatrix}\begin{bmatrix}\begin{pmatrix}\{\alpha^1\}\\\{\alpha_I^1\}\end{pmatrix}[U^1]\\\begin{pmatrix}\{\alpha^2\}\\\{\alpha_I^2\}\end{pmatrix}\end{bmatrix}=\begin{bmatrix}[U^1]\\ [0]\\ [0]\\ [U^2]\end{bmatrix} \tag{11-14}$$

式(11-14)就是区域边界节点法的基本思想, 该方法可以非常容易的应用到高维的其他涂层问题的分析当中. 如果遇到更多层计算域的涂层分析, 只需要利用同样的思想, 在公式(11-14)中多增加几个方程就可以模拟出多层涂层问题.

以上是对超薄涂层热传导的数值模拟分析的核心思想的具体实施步骤. 其主要核心是将涂层的多个计算域, 假设为相互独立的几个计算域, 然后引入热流密度协调条件和温度协调条件构造出类似公式(11-14)这样的矩阵方程, 这也是区域分解法的核心思想. 对于超薄涂层的其他问题, 只需要引入其他的边界连续条件, 也可以利用同样的思想来进行数值模拟. 因此, 区域边界节点法不仅仅只局限于超薄涂层的热传导问题, 对于其他的多个计算域的模拟分析, 应该也有着其一定的优势.

11.4　稳态热传导的无奇异基函数及黄金搜索法

边界节点法处理奇异问题的主要核心思想就是采用了无奇异基函数. 在本书的第 2 章已经提到过边界节点法的无奇异基函数以及边界节点法的算法格式. 而区域边界节点法虽然引进了区域分解法, 但其求解问题的核心思想仍然沿用了边界节点法的核心思想, 仍然采用的是无奇异基函数来数值模拟超薄涂层问题. 本章中我们采用的无奇异基函数为径向基函数构造的调和解

$$q_h(X) = e^{-c(x^2-y^2)} \cos(2cxy) \tag{11-15}$$

其中 c 为无奇异基函数的形状参数, 该形状参数是保证边界节点法非奇异基函数的非奇异性的核心, 它的选取会导致计算结果的变化, 对于求解热传导问题的以往经验, 一般形状参数 c 的选取都在 0 到 1 的范围内. 目前已经有很多方法发展用来解决形状参数的选取问题.

为了获取区域边界节点法中形状参数的选取经验, 并且更好说明区域边界节点法数值模拟涂层问题的有效性, 证明形状参数的选取并不影响我们的数值模拟结果. 我们在文章中的结合了黄金搜索(Golden Search)法中的直接法来获得最优形状参数[259], 并且将最优形状参数下的数值模拟结果与边界元进行了比较. 我们还有意识通过选取不同的形状参数, 对超薄涂层的热传导问题进行了数值模拟, 并给出了一些关于区域边界节点法使用的经验理论.

下面我们简单介绍一下 Golden Search 法的计算步骤.

第一步, 在边界 B_D 上取 n_b 个边界点 $\{x\}_{i=1}^{n_b}$, 设一个步长值 ς 和一个结束值 m.

第二步, 令 w 为 1 到 $\dfrac{m}{\varsigma}$ 的正整数, ①通过 $c = w\varsigma$ 选取不同的形状参数, 利用边界节点法求出方程(11-2)和(11-3); ②在边界 B_D 计算出 n_i 个固定点, 计算出近似解 $\tilde{u}$ 并计算出误差 μ (本文的误差 μ 是指精确解和近似解的误差, 但在精确解很难获得的情况下, 误差 μ 可以通过控制方程的残值和 Dirichlet 边界条件来表示); ③通过对 w 进行迭代, 找出最小的误差 μ.

第三步, 找到第二步的 w 值, 最小误差就发生在第 w 次的迭代中, 这样就能找出形状参数 c.

在本章中, 由于我们模拟的解析解已知, 和边界元法比较的结果是使用 Golden Search 法中的直接法来模拟的.

11.5 数 值 算 例

11.5.1 圆环涂层结构的热流分析

我们给出的第一个算例是一个圆形的超薄涂层, 如图 11.5 所示. 为了检测边界节点法的有效性, 我们假设两个材料介质 Ω_1 和 Ω_2 的热传导性质是一样的, 然而在实际工程当中, 不同材料的热传导性质一般不同. $r_1 = 2$ 和 $r_2 = 6$ 是 Ω_2 的内部和外部半径长度. Ω_1 作为外部的涂层域, 并且 $r_3 = 7$. 两个域的边界都满足 Dirichlet 边界条件. 该精确解为 $u = x^2 - y^2 + 6$, 我们在半径为 $r_4 = 3.5$ 和 $r_5 = 6.5$ 上分别均匀取 8 个点作为测试点.

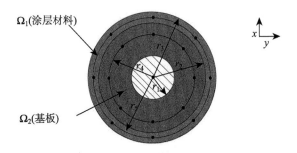

图 11.5　圆形的超薄涂层示意图

在两个域的每个边界上都均匀取 5 到 100 个点, 那么总点数为 15 个到 300 个. 采用以下的相对误差公式

$$\text{Error} = \frac{1}{N} \sqrt{\sum_{k=1}^{N} \left(\frac{u - \tilde{u}}{u} \right)^2} \tag{11-16}$$

图 11.6 和图 11.7 分别表示图 11.5 中 $r_4 = 3.5$ 和 $r_5 = 6.5$ 上的点的温度和热流密

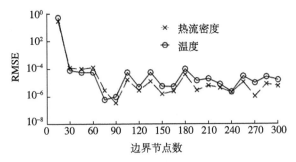

图 11.6　$r_4 = 3.5$ 上的点的温度和热流密度相对误差

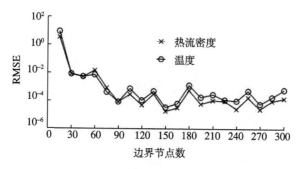

图 11.7　$r_5 = 6.5$ 上的点的温度和热流密度相对误差

度随着我们计算布点的增加, 误差收敛的过程. 在我们的计算模拟过程中, 形状参数选取为 $c=0.01$. 该结果表明我们提出的区域边界节点法计算模拟出的温度和热流密度是可靠的. 并且两个图都说明, 随着布的点数的增加, 误差再逐步减少, 收敛较好. 但由于边界节点法的条件数较大, 当布的点数达到 90 时, 我们计算的相对误差不能再进一步收敛. 但是相对误差到 10^{-6}, 已经满足任何工程的要求.

11.5.2　方形涂层结构的热传导分析

选取了一个 $2\mathrm{m} \times 1\mathrm{m}$ 的矩形涂层结构算例, 该算例更接近实际工程问题, 如图 11.8 所示. 我们将边界节点法计算出的结果和边界元的结果进行了比较.

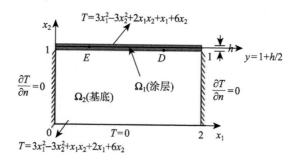

图 11.8　矩形涂层结构

如图 11.8 所示, 在计算过程中我们取涂层的厚度为 h, Ω_1 是厚度为 h 的涂层而 Ω_2 是 $2\mathrm{m} \times 1\mathrm{m}$ 的基底材料. Ω_1 和 Ω_2 的热传导率分别为 $K_1 = 1 W/mK$ 和 $K_2 = 2 W/mK$, 对应温度分布在图 11.8 中已经分别给出. 对于计算域, 我们在水平方向上平均布 10 个点, 在垂直方向布 1 个点. 对于计算域 Ω_2, 我们也在水平方向均匀布置 10 个点, 在垂直方向布 8 个点. 这样, 除去公共边界, 我们一共布了 48 个点. 下面我们取 h 的值从 $10^{-1}\mathrm{m}$ 到 $10^{-9}\mathrm{m}$, 利用 golden search 法选出最优形状参数，并计算出公共边界上的点 $D(1.5,1)$ 的热流密度，我们将计算的结果和边界元进行了比较，如表 11.1 所示.

表 11.1   公共边界 D 上的热流密度

厚度 h	精确解	边界元解	BEM 相对误差	BKM 解	最优参数 c	BKM 相对误差
1.0×10^{-1}	3	2.99997	9.3×10^{-6}	3	0.283	1.0×10^{-8}
1.0×10^{-2}	3	2.99979	7.1×10^{-5}	3	0.386	3.7×10^{-9}
1.0×10^{-3}	3	3.00005	1.6×10^{-5}	3	0.408	1.1×10^{-8}
1.0×10^{-4}	3	3.00002	8.2×10^{-6}	3	0.621	1.2×10^{-8}
1.0×10^{-5}	3	2.99863	4.6×10^{-5}	3	0.506	3.3×10^{-9}
1.0×10^{-6}	3	2.99833	5.6×10^{-4}	3	0.657	1.0×10^{-8}
1.0×10^{-7}	3	2.99928	2.4×10^{-4}	3	0.563	1.8×10^{-8}
1.0×10^{-8}	3	2.99891	3.6×10^{-4}	3	0.884	1.6×10^{-7}
1.0×10^{-9}	3	3.00195	6.5×10^{-4}	3	0.754	5.6×10^{-8}

从图 11.9 和表 11.2 中可以看出，当厚度 h 的值从 10^{-1} m 到 10^{-9} m 时，边界节点法在超薄涂层中对温度和热流密度的计算方面明显优越于边界单元法.

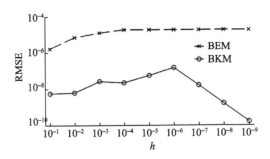

图 11.9 Ω_1 中 E 点的温度误差

表 11.2 Ω_1 中 E 点的热流密度

厚度 h	精确解	边界元解	BEM 相对误差	BKM 解	最优参数 c	BKM 相对误差
1.0×10^{-1}	6.100	6.100	1.1×10^{-5}	6.100	0.252	1.6×10^{-8}
1.0×10^{-2}	6.010	6.008	3.8×10^{-4}	6.010	0.389	1.8×10^{-8}
1.0×10^{-3}	6.001	5.998	5.6×10^{-4}	6.001	0.484	2.8×10^{-8}
1.0×10^{-4}	6.000	5.997	5.7×10^{-4}	6.001	0.331	2.3×10^{-8}
1.0×10^{-5}	6.000	5.997	5.7×10^{-4}	6.000	0.451	5.7×10^{-8}
1.0×10^{-6}	6.000	5.997	5.7×10^{-4}	6.000	0.541	1.5×10^{-7}
1.0×10^{-7}	6.000	5.997	5.7×10^{-4}	6.000	0.384	3.0×10^{-7}
1.0×10^{-8}	6.000	5.997	5.7×10^{-4}	6.000	0.521	9.5×10^{-7}
1.0×10^{-9}	6.000	5.997	5.7×10^{-4}	6.000	0.905	2.0×10^{-5}

在以上的比较当中, 给出的边界元结果是我们能找到的比较少的边界元模拟超薄涂层之中最优的计算结果. 但是从以上的对比当中很明显看出, 我们的边界节点法计算出的结果要远远优于边界元计算的结果, 并且边界节点法编程的思路更为简单, 不受空间维度限制, 更适用于三维的实际问题的分析.

11.5.3　数值稳定性分析

在模拟矩形温度涂层结构的时候, 可以发现当厚度 h 的值为 10^{-9} m 时, 形状参数必须取 $c > 0.7$ 才能获得有效的结果, 并且在一般情况下, 当形状参数一直增加的时候计算的结果会随之变差. 为了得到一些关于形状参数的选取规律, 在图 11.10 中涂层中的 $y = 1 + \dfrac{h}{2}$ 线上平均取 10 个计算点, 来讨论其误差随形状参数变化的规律.

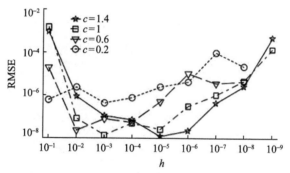

图 11.10　$y = 1 + \dfrac{h}{2}$ 上的点在固定形状参数下、不同厚度下的平均温度误差曲线

图 11.10 和图 11.11 分别表示 $y = 1 + \dfrac{h}{2}$ 上的点在形状参数取 $c = 0.2$, $c = 0.6$, $c = 1$ 和 $c = 1.4$ 时, 随着涂层厚度 h 变化的温度和热流密度误差.

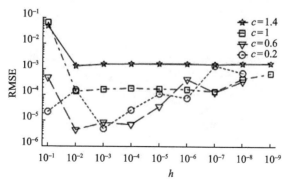

图 11.11　$y = 1 + \dfrac{h}{2}$ 上的点在固定形状参数下、不同厚度下的平均热流密度误差曲线

通过观察图11.10的结果, 可以看出当涂层厚度 $h=1.0\times10^{-1}$ 的时候, $c=0.2$ 计算的结果最精确, 按精确度排列的次序, 紧接着的是 $c=0.6$, $c=1$, $c=1.4$, 其中 $c=1$, $c=1.4$, 计算的精度为 RMSE $=1.0\times10^{-1}$, 可以认为该模拟结果不正确. 这也说明当涂层厚度还不是很薄的情况下, 我们的形状参数应该取小一些才能计算出较好的结果. 而当涂层厚度 $h=1.0\times10^{-9}$ 时, 可以看到只有 $c=1$ 和 $c=1.4$ 可以计算模拟出涂层中的温度分布, 而 $c=0.6$ 和 $c=0.2$ 根本不能够模拟出涂层中的温度分布. 而在涂层厚度 $h=1.0\times10^{-8}$ 的时候, $c=0.2$ 计算出模拟的结果的精度反而最差了.

通过图 11.11, 我们也能发现与图 11.10 一样的规律. 随着涂层厚度 h 减少, 形状参数 c 应该相应适当增加, 否则计算结果会越来越差, 我们还发现当形状参数取 $c=0.2$ 和 $c=0.6$, $h=1.0\times10^{-9}$ 的时候是计算不出结果的.

图 11.12 和图 11.13 分别表示 $y=1+\dfrac{h}{2}$ 上的点在厚度取 $h=1.0\times10^{-2}$, $h=1.0\times10^{-4}$, $h=1.0\times10^{-6}$ 和 $h=1.0\times10^{-8}$ 时, 随着涂层形状参数 c 变化的温度和热流密度误差曲线.

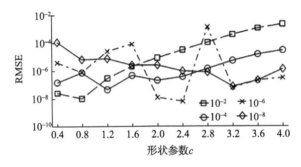

图 11.12　$y=1+\dfrac{h}{2}$ 上的点在固定涂层厚度、在不同形状参数下的平均温度误差曲线

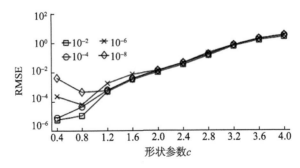

图 11.13　$y=1+\dfrac{h}{2}$ 上的点在固定涂层厚度、在不同形状参数下的平均热流密度误差曲线

　　通过观察图 11.12 中的数值模拟结果, 可以看到当形状参数 $c=0.4$ 的时候, 涂层厚度 $h=1.0\times10^{-2}$ 计算模拟出的结果的精度最好, 按精度排序, 紧接着是 $h=1.0\times10^{-4}$, $h=1.0\times10^{-6}$ 和 $h=1.0\times10^{-8}$. 这也同样说明, 当涂层厚度较厚的时候, 小的形状参数能模拟出精度更好的结果. 随着形状参数 c 的增大, 整个计算模拟的结果精度是相应变差的, 但我们发现一般情况下我们选取形状参数 $c<0.6$, 我们计算出的结果总是可靠的. 当 $h=1.0\times10^{-9}$ 时, 也就是纳米级厚度的时候, 一般形状参数应选 1 左右. 图 11.13 中的数值模拟结果也表明了同样的规律.

　　通过上述研究, 我们发现当涂层厚度 h 减少, 形状参数 c 应该相应适当增加, 否则计算结果会越来越差. 当 $h=1.0\times10^{-9}$ 时, 也就是纳米级厚度的时候, 一般形状参数应选 1 左右. 我们还发现除了涂层厚度为纳米级的时候, 形状参数取 $c<0.6$, 我们计算出的结果总是可靠的.

11.6　本 章 结 论

　　本章在传统边界节点法的基础上, 引入区域分解法的思想, 使用了区域边界节点法用来数值模拟超薄涂层结构的热传导问题. 通过对非奇异基函数的形状参数的选取, 讨论了区域边界节点法在数值模拟超薄涂层热传导问题的有效性. 区域边界节点法不仅克服了有限单元法在计算超薄涂层结构时, 随着涂层厚度减少, 计算量极具增加的困难, 也解决了边界元法在数值模拟超薄涂层结构时对于复杂几何形状的奇异积分的处理. 数值模拟结果表明, 当涂层厚度达到纳米级 (1.0×10^{-9}) 时, 仍然能得到很精确的结果, 体现了边界节点法的优越性.

第 12 章　功能梯度材料传热分析

12.1　引　　言

　　功能梯度材料是新一代的复合材料, 是目前材料科学研究的热点新领域. 它的材料参数(比如热传导、比热和密度等)通常是不均匀且逐渐变化的, 在宏观上表现出连续的梯度渐变的性质. 相对于层和复合材料, 功能梯度材料的最大特点是材料参数的连续性, 这样就完全避免了层和复合材料中遇到的材料参数在层层之间的间断面处不连续的问题, 这一特点提高了材料强度和耐热性, 使功能梯度材料极具应用潜力, 例如热防护涂层、航天器密闭舱热保护层、人体防护服和电磁传感器的高温耐热材料、指数功能梯度材料光学器件和生物组织制造等工程领域. 功能梯度材料这一概念最早于 1987 年由日本科学家提出, 他们将纯金属和陶瓷这两种材料融合到一起, 使得材料的组成和结构连续变化, 从而形成一种陶瓷 – 金属功能梯度材料, 它既具有陶瓷令人满意的高温特性和热阻, 又同时具有金属的强度和断裂韧性, 如图 12.1 所示的 CrNi/PSZ 功能梯度材料[260].

图 12.1　CrNi/PSZ 功能梯度材料即从镍铬合金(NiCralloy)到氧化锆(ZrO$_2$, zirconia, PSZ)的材料过渡(transition)

12.2　材料非线性功能梯度材料的传热问题

　　本节将介绍 Fu 等[261]采用边界节点法数值模拟材料非线性功能梯度材料的传

热问题的工作. 首先考虑二维不含内部热源的情况, 其满足如下偏微分方程问题

$$\sum_{i,j=1}^{2} \frac{\partial}{\partial x_i}\left(K_{ij}\left(x,T\right)\frac{\partial T\left(x\right)}{\partial x_j} \right) = 0, \quad x \in \Omega \tag{12-1}$$

$$T\left(x\right) = \overline{T}, \quad x \in \Gamma_D \tag{12-2}$$

$$q(x) = -\sum_{i,j=1}^{2} K_{ij}\frac{\partial T(x)}{\partial x_j}n_i(x) = \overline{q}, \quad x \in \Gamma_N \tag{12-3}$$

$$q(x) = h_e(T(x) - T_\infty), \quad x \in \Gamma_R \tag{12-4}$$

其中 T 表示温度, q 表示热流密度, $\Gamma = \Gamma_D + \Gamma_N + \Gamma_R$ 表示二维任意几何形状求解区域 $\Omega \subset \mathbf{R}^2$ 的边界, Γ_D 为本质边界条件(Dirichlet 边界条件), Γ_N 为自然边界条件(Neumann 边界条件), Γ_R 为对流边界条件(Robin 边界条件), $K = \left\{K_{ij}\left(x,T\right)\right\}_{1\leq i,j\leq 2}$ 为材料的热传导系数矩阵, 通常来说非线性功能梯度材料的热传导系数不仅与位置有关, 还与该位置的温度有关. 我们考虑热传导系数矩阵为对称正定矩阵的情况, 即 $K_{12} = K_{21}$, $\Delta_K = \det\left(K\right) = K_{11}K_{22} - K_{12}^2 > 0$, $\left\{n_i\right\}$ 表示求解区域边界上的单位外法向向量, h_e 是有效热传导系数, T_∞ 表示外界环境温度.

　　本章主要考虑工程中较为常见的指数形式的功能梯度材料, 其热传导系数矩阵可以表示为如下形式

$$K_{ij}\left(x,T\right) = a\left(T\right)\overline{K}_{ij}e^{\sum_{i=1}^{2}2\beta_i x_i}, \quad x = \left(x_1,x_2\right) \in \Omega \tag{12-5}$$

其中 $a\left(T\right) > 0$, $\overline{K} = \left\{\overline{K}_{ij}\right\}_{1\leq i,j\leq 2}$ 是一个对称正定的常实数矩阵, β_1, β_2 是反映材料特性的两个参数. 显然, 自动满足控制方程(12-1)的径向基函数通解较难找到, 因此在使用边界节点法求解该问题时, 我们需要先引入 Kirchhoff 变换和一些变量代换, 将控制方程转化为存在径向基函数通解的偏微分方程.

　　首先引入 Kirchhoff 变换

$$\phi\left(T\right) = \int a\left(T\right)dT \tag{12-6}$$

可以将原来非线性的偏微分方程问题(12-1)~(12-4)转化为下述线性偏微分方程问题

$$\left(\sum_{i,j=1}^{2}\left(\overline{K}_{ij}\frac{\partial^2 \Phi_T\left(x\right)}{\partial x_i\partial x_j} + 2\beta_i\overline{K}_{ij}\frac{\partial \Phi_T\left(x\right)}{\partial x_j} \right) \right)e^{\sum_{i=1}^{2}2\beta_i x_i} = 0, \quad x \in \Omega \tag{12-7}$$

$$\Phi_T(x) = \phi(\overline{T}), \quad x \in \Gamma_D \tag{12-8}$$

$$q(x) = -\sum_{i,j=1}^{2} K_{ij} \frac{\partial T(x)}{\partial x_j} n_i(x) = -e^{\sum_{i=1}^{2} 2\beta_i x_i} \sum_{i,j=1}^{2} \bar{K}_{ij} \frac{\partial \Phi_T(x)}{\partial x_j} n_i(x) = \bar{q}, \quad x \in \Gamma_N \qquad (12\text{-}9)$$

$$q(x) = h_e \left(\Phi_T(x) - \varphi(T_\infty) \right), \quad x \in \Gamma_R \qquad (12\text{-}10)$$

其中 $\Phi_T(x) = \varphi(T(x))$，相应的逆 Kirchhoff 变换表达式为

$$T(x) = \varphi^{-1} \left(\Phi_T(x) \right) \qquad (12\text{-}11)$$

然后通过如下两次变量代换，我们可以推导得到满足控制方程(12-7)的非奇异径向基函数通解.

Step1 为了消去控制方程(12-7)中的一阶导数项，设 $\Phi_T = \Psi e^{-\sum_{i=1}^{2} \beta_i(x_i+s_i)}$，将其代入控制方程(12-7)，化简得到如下形式

$$\left(\sum_{i,j=1}^{2} \bar{K}_{ij} \frac{\partial \Psi(x)}{\partial x_i \partial x_j} - \lambda^2 \Psi(x) \right) e^{\sum_{i=1}^{2} \beta_i(x_i+s_i)} = 0, \quad x \in \Omega \qquad (12\text{-}12)$$

其中 $\lambda = \sqrt{\sum_{i=1}^{2}\sum_{j=1}^{2} \beta_i \bar{K}_{ij} \beta_j}$. 由于 $e^{\sum_{i=1}^{2} \beta_i(x_i+s_i)} > 0$，控制方程(12-12)可以改写为

$$\sum_{i,j=1}^{2} \bar{K}_{ij} \frac{\partial \Psi(x)}{\partial x_i \partial x_j} - \lambda^2 \Psi(x) = 0, \quad x \in \Omega \qquad (12\text{-}13)$$

上述方程属于各向异性的修正 Helmholtz 方程.

Step2 为了将各向异性的控制方程(12-13)转化为各向同性问题，设

$$\begin{bmatrix} y_1 \\ y_2 \end{bmatrix} = \begin{bmatrix} \dfrac{1}{\sqrt{\bar{K}_{11}}} & 0 \\ \dfrac{-\bar{K}_{12}}{\sqrt{\bar{K}_{11}\Delta_{\bar{K}}}} & \dfrac{\sqrt{\bar{K}_{11}}}{\sqrt{\Delta_{\bar{K}}}} \end{bmatrix} \begin{bmatrix} x_1 \\ x_2 \end{bmatrix} \qquad (12\text{-}14)$$

其中 $\Delta_{\bar{K}} = \det(\bar{K}) = \bar{K}_{11}\bar{K}_{22} - \bar{K}_{12}^2 > 0$，将(12-14)代入控制方程(12-13)，可以得到各向同性的修正 Helmholtz 方程

$$\sum_{i=1}^{2} \frac{\partial^2 \Psi(y)}{\partial y_i \partial y_i} - \lambda^2 \Psi(y) = 0, \quad y \in \Omega \qquad (12\text{-}15)$$

其相应的非奇异径向基函数通解较易推导得到. 然后采用变量代换(12-14)的逆变换，可以推导得到控制方程(12-13)的非奇异径向基函数通解，

$$u_G(x,s) = -\frac{1}{2\pi\sqrt{\Delta_{\bar{K}}}} I_0(\lambda R) \tag{12-16}$$

式中 $R = \sqrt{\sum_{i=1}^{2}\sum_{j=1}^{2} r_i \bar{K}_{ij}^{-1} r_j}$，$r_1 = x_1 - s_1$，$r_2 = x_2 - s_2$，其中 x,s 分别表示配置点和源点，I_0 是零阶第一类修正的贝塞尔函数.

随后采用变量代换 $\Phi_T = \Psi e^{-\sum_{i=1}^{2} \beta_i(x_i+s_i)}$，可以推导得到控制方程(12-7)的非奇异径向基函数通解

$$u_G(x,s) = -\frac{I_0(\lambda R)}{2\pi\sqrt{\Delta_{\bar{K}}}} e^{-\sum_{i=1}^{2}\beta_i(x_i+s_i)} \tag{12-17}$$

因此我们可以采用边界节点法求解 Kirchhoff 变换后的线性偏微分方程问题 (12-7)~(12-10)，问题的近似解可以表示为一组非奇异径向基函数通解的线性组合

$$\bar{\Phi}(x) = \sum_{i=1}^{N} \alpha_i u_G(x,s_i) \tag{12-18}$$

表达式中 $\{\alpha_i\}$ 是未知待求系数，可以由具体问题的边界条件确定. 最后可以通过逆 Kirchhoff 变换(12-11)将线性偏微分方程问题(12-7)~(12-10)的数值解 $\Phi(x)$ 转化为材料非线性功能梯度材料的传热问题(12-1)~(12-4)的温度分布 T.

相应的热流密度可以表示为

$$q(x) = \sum_{i=1}^{N} \alpha_i Q(x,s_i) \tag{12-19}$$

式中

$$
\begin{aligned}
Q(x,s_i) &= \sum_{i,j=1}^{2} \bar{K}_{ij} \frac{\partial u_G(x,s_i)}{\partial x_j} n_i(x) e^{\sum_{i=1}^{2} 2\beta_i x_i} \\
&= \frac{e^{\sum_{i=1}^{2} 2\beta_i r_i}}{2\pi\sqrt{\Delta_{\bar{K}}}} \left(-\frac{\lambda}{R} I_1(\lambda R) \sum_{i=1}^{2} n_i(x) r_i + I_0(\lambda R) \sum_{i=1}^{2}\sum_{j=1}^{2} n_i(x) \bar{K}_{ij} \beta_j \right)
\end{aligned} \tag{12-20}
$$

其中 I_1 表示一阶第一类修正的贝塞尔函数.

由于推导得到的非奇异径向基函数通解预先满足控制方程(12-7)，因此边界节点法只需要在求解区域的边界上布置配置点，且在这些配置点上满足边界条件即可，相应的微分方程问题可以离散得到如下矩阵形式

$$Aα = b \tag{12-21}$$

其中

$$A = \begin{bmatrix} u_G(x_j, s_i) \\ Q(x_j, s_i) \\ Q(x_j, s_i) - h_e u(x_j, s_i) \end{bmatrix} \tag{12-22}$$

$$α = \left(α_1, α_2, \cdots, α_N\right)^{\mathrm{T}} \tag{12-23}$$

$$b = \begin{bmatrix} φ\left(\overline{T}_j\right) \\ \overline{q}_j \\ -h_e φ\left(\left(T_∞\right)_j\right) \end{bmatrix} \tag{12-24}$$

为了方便起见, 源点 $s_i ∈ ∂Ω$, $i = 1, 2, \cdots, N$ 和配置点 $x_j ∈ ∂Ω$, $j = 1, 2, \cdots, M$ 是相同的边界节点集合, 有 $M = N$.

12.3   数值结果与讨论

本节将通过两个具体算例数值讨论边界节点法的有效性、精度以及收敛性. 为了检验算法精度, 分别定义平均相对误差 Rerr(w) 和规则化误差 Nerr(w) 如下

$$\mathrm{Rerr}(w) = \sqrt{\frac{1}{NT} \sum_{i=1}^{NT} \left| \frac{w(i) - \overline{w}(i)}{\overline{w}(i)} \right|^2} \tag{12-25}$$

$$\mathrm{Nerr}(w) = \frac{\left| w(i) - \overline{w}(i) \right|}{\max\limits_{1 \le i \le NT} \left| \overline{w}(i) \right|} \tag{12-26}$$

式中 $\overline{w}(i)$ 和 $w(i)$ 分别表示在点 x_i 处的精确解和数值解, NT 是求解区域内均匀分布的检测点的个数, 若无特殊说明, 本节的数值算例中 $NT = 100$.

12.3.1   算例 1

首先考虑热传导系数与其位置温度呈指数关系 $a(T) = e^T$ 的功能梯度材料稳态热传导问题[261,262], 其中 $\overline{K} = \begin{bmatrix} 2 & 0 \\ 0 & 1 \end{bmatrix}$ 和 $β_1 = 0, β_2 = 1$, 这种功能梯度材料经常用于高温环境. 我们在二维正方形求解区域 $Ω = (-1, 1) × (-1, 1)$ 上检验边界节点法的精度与稳定性. 通过 Kirchhoff 变换, 我们得到 $Φ_T = e^T, T = φ^{-1}\left(Φ_T\right) = \ln(Φ_T)$. 该问题

的精确解为

$$T(x) = \ln\left(\sqrt{\frac{1 - Tx/Tr}{2Tr}} \sinh(Tr)e^{-Ty} \right) \tag{12-27}$$

$$\Phi_T(x) = e^{T(x)} \tag{12-28}$$

其中　$Tx = \dfrac{x_1}{\sqrt{2}} - 1, Ty = x_2, Tr = \sqrt{Tx^2 + Ty^2}$.

　　图 12.2(a) 给出了边界节点法和基本解法(d=2 和 4)插值离散算例 1 得到的矩阵的条件数与边界节点数的关系图. 由图 12.2 可知, 随着边界节点数的增加, 边界节点法和基本解法离散所得到的条件数都迅速增大, 插值矩阵的这种病态性可能造成数值结果的不稳定性. 这一现象也经常在其他配点型数值方法中出现, 如 Trefftz 方法和 Kansa 方法. 目前为止已有多种技术处理此类病态矩阵问题, 包括区域分解法、矩阵预处理技术、快速多极算法以及多种正则化技术, 如本章中使用的截断

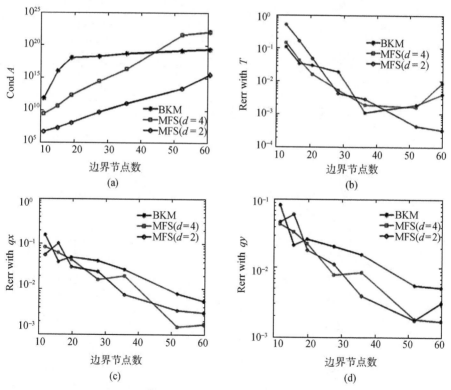

图 12.2　(a) 边界节点法和基本解法的插值矩阵条件数与边界点数的关系图; 边界节点法和基本解法的收敛曲线: (b) 温度, (c) x_1 方向上的热流密度, (d) x_2 方向上的热流密度

奇异值分解技术 (TSVD). 这里我们使用广义交叉检验函数(GCV) 来确定正则截断参数. 计算中使用了 Hansen 教授基于 MATLAB 软件开发的正则化工具箱.

通过使用截断奇异值分解技术, 有效地减轻了边界节点法的插值矩阵的病态性, 图 12.2(b)~(d) 显示边界节点法和基本解法(d=2 和 4)的关于温度以及 x_1 和 x_2 方向上的热流密度的收敛曲线. 由图可知, 边界节点法只需少数边界点即可模拟得到较为精确的数值结果.

图 12.3~图 12.5 给出边界节点法仅用 20 个边界点求解算例 12.3.1 所得到的关

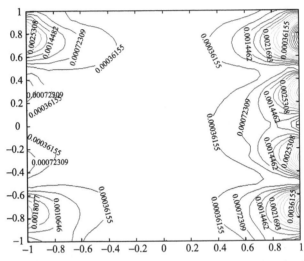

图 12.3　边界节点法(N=20)数值模拟算例 1 温度场的规则化误差分布图

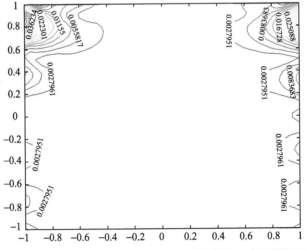

图 12.4　边界节点法(N=20)数值模拟算例 1 沿 x_1 方向的热流密度场的规则化误差分布图

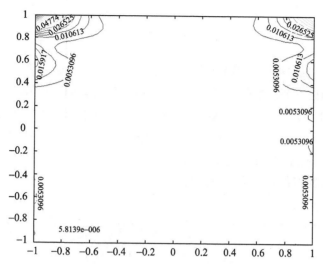

图 12.5　边界节点法(N=20)数值模拟算例 1 沿 x_2 方向的热流场的规则化误差分布图

于温度以及 x_1 和 x_2 方向上的热流密度的规则化误差分布图. 由图可知, 边界节点法所得到的数值结果与精确解吻合较好. 值得注意的是, 数值结果在边界附近特别是角点附近拟合较差.

12.3.2　算例 2

本例考虑热传导系数与其位置温度呈线性关系 $a(T)=1+\mu T$ 的功能梯度材料稳态热传导问题[261,262], 其中 $\bar{K}=\begin{bmatrix} 1 & 0.25 \\ 0.25 & 3 \end{bmatrix}$ 和 $\beta_1=0.1, \beta_2=0.8$, $\mu=\dfrac{1}{4}$, 这种形式的功能梯度材料也经常出现在实际工程应用中. 仍在二维正方形求解区域 $\Omega=(-1,1)\times(-1,1)$ 上检验边界节点法的精度与稳定性. 通过 Kirchhoff 变换, 我们得到 $\Phi_T=T+\dfrac{\mu}{2}T^2$, $T=\phi^{-1}(\Phi_T)=\dfrac{-1+\sqrt{1+2\mu\Phi_T}}{\mu}$. 该问题的精确解为

$$T(x)=\frac{-1+\sqrt{1+2\mu\Phi_T(x)}}{\mu} \tag{12-29}$$

$$\Phi_T(x)=e^{\frac{\lambda(Tx+Ty)}{\tau}-\sum_{i=1}^{2}\beta_i x_i} \tag{12-30}$$

式中

$$\tau=\sqrt{\bar{K}_{11}\left(\frac{\sqrt{\Delta_{\bar{K}}}-\bar{K}_{12}}{\bar{K}_{11}}\right)^2+2\bar{K}_{12}\left(\frac{\sqrt{\Delta_{\bar{K}}}-\bar{K}_{12}}{\bar{K}_{11}}\right)+\bar{K}_{22}}$$

$$Tx = \frac{x_1\sqrt{\Delta_{\bar{K}}}}{\bar{K}_{11}}, \quad Ty = -\frac{x_1\bar{K}_{12}}{\bar{K}_{11}} + x_2$$

图 12.6(a) 也给出了边界节点法和基本解法(d=2 和 4)插值离散算例 2 得到的矩阵的条件数与边界节点数的关系图. 我们可以得到与算例 1 一致的结论: 随着边界节点数的增加, 边界节点法和基本解法离散所得到插值矩阵的条件数都迅速增大, 矩阵病态性严重. 图 12.6 (b)~(d) 显示了边界节点法和基本解法(d=2 和 4)的关于温度以及 x_1 和 x_2 方向上的热流密度的收敛曲线. 由图 12.6 可知边界节点法只需少数边界点即可模拟得到较为精确的数值结果.

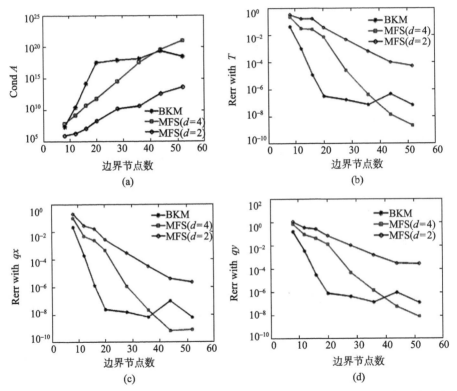

图 12.6　(a) 边界节点法和基本解法的插值矩阵的条件数与边界节点数的关系图边界节点法和基本解法的收敛曲线: (b) 温度, (c) x_1 方向上的热流密度, (d) x_2 方向上的热流密度

图 12.7~图 12.9 给出边界节点法仅用 16 个边界点求解算例 2 所得到的关于温度以及 x_1 和 x_2 方向上的热流密度的规则化误差分布图. 由图可知, 边界节点法所得到的数值结果与精确解吻合较好. 值得注意的是, 数值结果在边界附近特别是角点附近拟合较差.

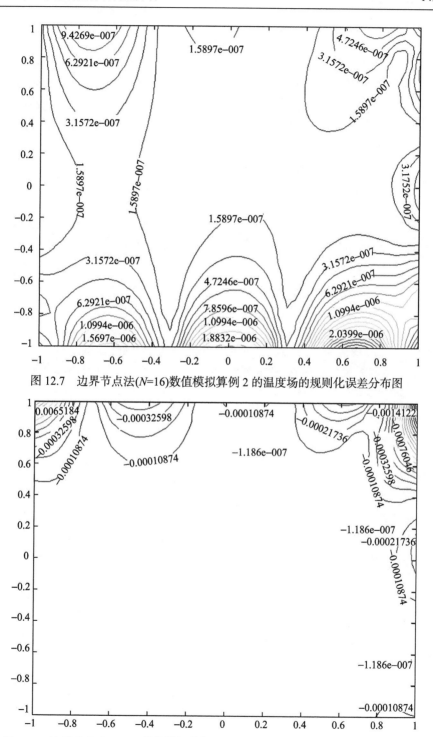

图 12.7　边界节点法(N=16)数值模拟算例 2 的温度场的规则化误差分布图

图 12.8　边界节点法(N=16)数值模拟算例 2 沿 x_1 方向的热流场的规则化误差分布图

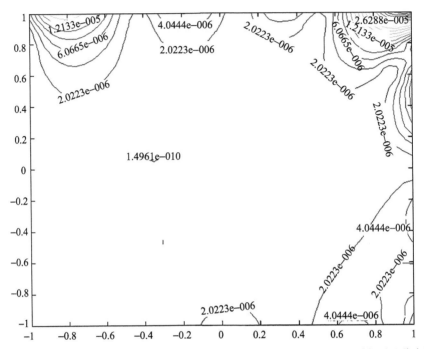

图 12.9 边界节点法(N=16)数值模拟算例 12.3.2 沿 x_2 方向的热流场的规则化误差分布图

参 考 文 献

[1] 王勖成. 有限单元法. 北京: 清华大学出版社, 2004.

[2] Belytschko T, Lu Y Y, Gu L. Element-free Galerkin methods. International Journal for Numerical Methods in Engineering, 1994, 37: 229–256.

[3] Ciskowski R D, Brebbia C A. Boundary Element Methods in Acoustic. Southampton: Computational Mechanics Publications, 1991.

[4] Zhang Y M, Gu Y, Chen J T. Boundary layer effect in BEM with high order geometry elements using transformation. CMES: Computer Modeling in Engineering & Sciences, 2009, 45: 227–247.

[5] 张耀明, 谷岩, 陈正宗. 位势边界元法中的边界层效应与薄体结构. 力学学报, 2010, 42: 1–9.

[6] Chen J T, Hsiao C C, Chen K H. Study of free surface seepage problems using hypersingular equations. Communications in Numerical Methods in Engineering, 2007, 23: 755–769.

[7] Yu D H. The approximate computation of hypersingular integrals on interval. Numerical Mathematics a Journal of Chinese University, 1992, 1: 114–127.

[8] Liu Y J, Nishimura N, Tanahashi T, et al. A fast boundary element method for the analysis of fiber-reinforced composites based on a rigid-inclusion model. ASME Journal of Applied Mathematics, 2005, 72: 115–128.

[9] Liu Y J. A new fast multipole boundary element method for solving 2-D Stokes flow problems based on a dual BIE formulation. Engineering Analysis with Boundary Elements, 2008, 32: 139–151.

[10] Liu Y J, Nishimura N. The fast multipole boundary element method for potential problems: A tutorial. Engineering Analysis with Boundary Elements, 2006, 30: 371–381.

[11] Nguyen V P, Rabczuk T, Bordas S, et al. Meshless methods: A review and computer implementation aspects. Mathematics and Computers in Simulation, 2008, 79: 763–813.

[12] Belytschko T, Krongauz Y, Organ D, et al. Meshless methods: An overview and recent developments. Computer Methods in Applied Mechanics and Engineering, 1996, 139: 3–47.

[13] 张雄, 宋康祖, 陆明万. 无网格法研究进展及其应用. 计算力学学报, 2003, 20: 730–742.

[14] 张雄, 刘岩, 马上. 无网格法的理论及应用. 力学进展, 2009, 39: 1–36.

[15] Duarte C A M. A review of some meshless methods to solve partial differential equations. In Technical Report 95-06, TICAM, The University of Texas at Austin, 1995.

[16] 顾元通. 无网格法及其最新进展. 力学进展, 2005, 35: 323–337.

[17] Ferreira A J M, Kansa E J, Fasshauer G E, et al. Progress on Meshless Methods. Berlin: Springer, 2009.

[18] Wang F Z, Chen W, Jiang X R. Investigation of regularized techniques for boundary knot method. International Journal for Numerical Methods in Biomedical Engineering, 2010, 26 (12):

1868–1877.

[19] Lucy L B. A numerical approach to the testing of the fission hypothesis. Astrophysical Journal, 1977, 82: 1013–1024.

[20] Gingold R A, Monaghan J J. Smoothed particle hydrodynamics-Theory and application to non-spherical stars. Royal Astronomical Society, Monthly Notices, 1977, 181: 375–389.

[21] Monaghan J J. An introduction to SPH. Computer Physics Communications, 1988, 48: 88–96.

[22] Libersky L, Petschek A G, Carney T C, et al. High strain Lagrangian hydrodynamics-a three-dimensional SPH code for dynamics material response. Journal of Computational Physics, 1993, 109: 67–75.

[23] Libersky L D, Petschek A G. Smooth particle hydrodynamics with strength of materials. Advances in the free-Lagrange method. Lecture Notes in Physics, 1990, 395: 248–257.

[24] Randles P W, Libersky L D. Smoothed particle hydrodynamics: some recent improvements and applications. Computer Methods in Applied Mechanics and Engineering, 1996, 139: 375–408.

[25] Johnson G R, Stryk R A, Beissel S R. SPH for high velocity impact computations. Computer Methods in Applied Mechanics and Engineering, 1996, 139: 347–373.

[26] Swegle J W, Hicks D L, Attaway S W. Smoothed particle hydrodynamics stability analysis. Journal of Computational Physics, 1995, 116: 123–134.

[27] Kansa E J. Multiquadrics–a scattered data approximation scheme with applications to computational fluid-dynamics. II. Solutions to parabolic, hyperbolic and elliptic partial differential equations. Computers & Mathematics with Applications, 1990, 19: 147–161.

[28] Buhmann M D. Radial Basis Functions: Theory and Implementations. Cambridge: Cambridge University Press, 2004.

[29] Ling L. Radial basis functions in scientific computing. Simon Fraser University, 2003.

[30] Nayroles B, Touzot G, Villon P. Generalizing the finite element method: diffuse approximation and diffuse elements. Computational mechanics, 1992, 10: 307–318.

[31] Krongauz Y, Belytschko T. A Petrov-Galerkin diffuse element method (PGDEM) and its comparison to EFG. Computational Mechanics, 1997, 19: 327–333.

[32] Lacroix V, Bouillard Ph. Element-free Galerkin method formulation for acoustic analyses: Rationale and strategy. European Journal of Mechanical and Environmental Engineering, 2002, 47: 3–10.

[33] Liu W K, Jun S, Li S, et al. Reproducing kernel particle methods for structural dynamics. International Journal for Numerical Methods in Engineering, 1995, 38: 1655–1679.

[34] Braun J, Sambridge M. A numerical method for solving partial differential equations on highly irregular evolving grids. Nature, 1995, 376: 655–660.

[35] Sukumar N. The natural element method in solid mechanics. PhD Thesis of Northwestern University, 1998.

[36] Uras R A, Chang C T, Chen Y, et al. Multiresolution reproducing kernel particle methods in acoustics. Journal of Computational Acoustics, 1997, 5: 71–94.

[37] Liszka T J, Duarte C A M, Tworzyd W W. hp-Meshless cloud method. Computer Methods in Applied Mechanics and Engineering, 1996, 139: 263–288.

[38] Melenk J M, Babuska I. The partition of unity finite element method: basic theory and applications. Computer Methods in Applied Mechanics and Engineering, 1996, 139: 289–314.

[39] Gamallo P, Astley R J. The partition of unity finite element method for short wave acoustic propagation on non-uniform potential flows. International Journal for Numerical Methods in Engineering, 2006, 65: 425–444.

[40] Duarte C A, Oden J T. H-p clouds-an h-p meshless method. Numerical Methods for Partial Differential Equations, 1998, 12: 673–705.

[41] Belytschko T, Krongauz Y, Dolbow J, et al. On the completeness of meshfree particle methods. International Journal for Numerical Methods in Engineering, 1998, 43: 785–819.

[42] Atluri S N, Zhu T. A new meshless local Petro-Galerkin (MLPG) approach in computational mechanics. Computational Mechanics, 1998, 22: 117–127.

[43] Zhu T, Atluri S N. A local boundary integral equation (LBIE) method in computational mechanics, and a meshless discretization approach. Computational Mechanics, 1998, 21: 223–235.

[44] Chen H B, Fu D J, Zhang P Q. An investigation of wave propagation with high wave numbers via the regularized LBIEM. CMES: Computer Modeling in Engineering & Sciences, 2007, 20: 85–98.

[45] Wendland H. Meshless galerkin methods using radial basis functions. Mathematics of Computation, 1999, 68: 1521–1532.

[46] 庞作会, 葛修润. 无网格伽辽金法(EFGM) 在边坡开挖问题中的应用. 岩土力学, 1999, 20: 61–64.

[47] 庞作会, 葛修润. 一种新的数值方法——无网格伽辽金法(EFGM). 计算力学学报, 1999, 16: 320–329.

[48] 寇晓东, 周维垣. 应用无单元法追踪裂纹扩展. 岩石力学与工程学报, 2000,19: 18–23.

[49] 寇晓东, 周维垣. 应用无单元法近似计算拱坝开裂. 水利学报, 2000, 10: 28–35.

[50] 刘欣, 朱德懋. 基于流形覆盖思想的无网格方法的研究. 计算力学学报, 2001, 18: 21–27.

[51] Chen W, Oslo N. New RBF collocation methods and kernel RBF with applications. Lecture Notes in Computational Science and Engineering, 2002, 26: 75–86.

[52] 张雄, 宋康祖, 陆明万. 紧支试函数加权残值法, 力学学报, 2003, 35: 43–49.

[53] 程玉民, 陈美娟. 弹性力学的一种边界无单元法. 力学学报, 2003, 35: 181–186.

[54] 刘学文, 丁丽宏, 王燕昌. 配点型点插值加权残值法. 宝鸡文理学院学报(自然科学版), 2003, 23: 139–140.

[55] 张建辉, 邓安福. 无单元法(EFM)在筏板基础计算中的应用. 岩土工程学报, 1999, 21: 691–695.

[56] Atluri S N, Shen S. The Meshless Local Petro-Galerkin(MLPG) Method. Stuttgart: Tech Science Press, 2002.

[57] Liu G R. Mesh Free Methods: Moving Beyond the Finite Element Method. Boca Raton: CRC Press, 2002.

[58] Liu G R, Gu Y T. An Introduction to Meshfree Methods and Their Programming. New York: Springer, 2005.

[59] Liu G R, Liu M B. Smoothed Particle Hydrodynamics-a Meshfree Particle Method. Singapore: World Scientific, 2003.

[60] 张雄, 刘岩. 无网格方法. 北京: 清华大学出版社, 2004.

[61] Li S F, Liu W K. Meshfree Particle Methods. Berlin: Springer, 2004.

[62] 刘更, 刘天祥, 谢琴. 无网格法及其应用. 西安: 西北工业大学出版社, 2005.

[63] Chen Y P, Lee J D, Eskandarian A. Meshless Methods in Solid Mechanics. Berlin: Springer, 2006.

[64] 刘欣. 无网格方法. 北京: 科学出版社, 2011.

[65] 秦荣. 样条无网格法. 北京: 科学出版社, 2012.

[66] 李树忱, 王兆清. 高精度无网格重心插值配点法: 算法、程序及工程应用. 北京: 科学出版社, 2012.

[67] 赵国群, 王卫东. 金属塑性成型过程无网格数值模拟方法. 北京: 化学工业出版社, 2013.

[68] Chen W, Fu Z J, Chen C S. Recent Advances in Radial Basis Function Collocation Methods. Berlin: Springer, 2014.

[69] 蔡星会, 许鹏, 姬国勋. 磁流体无网格方法及应用. 北京: 国防工业出版社, 2014.

[70] 龙述尧. 无网格方法及其在固体力学中的应用. 北京: 科学出版社, 2014.

[71] 陈文, 傅卓佳, 魏星. 科学与工程计算中的径向基函数方法. 北京: 科学出版社, 2014.

[72] 程玉民. 无网格方法（上、下册）. 北京: 科学出版社, 2015.

[73] Liu G R, Gu Y T. A point interpolation method for two-dimensional solids. International Journal for Numerical Methods in Engineering, 2001, 50: 937–951.

[74] Wang J G, Liu G R. A point interpolation meshless method based on radial basis functions. International Journal for Numerical Methods in Engineering, 2002, 54: 1623–1648.

[75] 姚振汉, 王海涛, 王朋波, 等. 固体力学中快速多极边界元法研究进展(英文). 中国科学技术大学学报, 2008, 38: 1–17.

[76] 石焕文, 陈继川, 王晋国, 等. 轮胎振动辐射声场有限元法与边界元法研究. 陕西师范大学学报(自然科学版), 2009, 37: 25–28.

[77] Partridge P W, Brebbia C A, Wrobel L C. The Dual Reciprocity Boundary Element Method. Southampton: Computational Mechanics Publications, 2004.

[78] Kupradze V D. A method for the approximate solution of limiting problems in mathematical physics. Computational Mathematics and Mathematical Physics, 1964, 4: 199–205.

[79] Aleksidze M A. On approximate solutions of a certain mixed boundary value problem in the theory of harmonic functions. Differential Equations, 1966, 2: 515–518.

[80] Mathon R, Johnston R L. The approximate solution of elliptic boundary value problems by fundamental solutions. SIAM Journal on Numerical Analysis, 1977, 14: 638–650.

[81] Golberg M A. The method of fundamental solutions for Poisson's equation. Engineering Analysis with Boundary Elements, 1995, 16: 205–213.

[82] Chen C S. The method of fundamental solutions and the quasi-Monte Carlo method for Poisson's equation. Lecture Notes in Statistics, 1995, 106: 158–167.

[83] Kondapalli P S, Shippy D J, Fairweather G. The method of fundamental solutions for transmission and scattering of elastic waves. Computer Methods in Applied Mechanics and Engineering, 1992, 96: 255–269.

[84] Fairweather G, Karageorghis A. The method of fundamental solutions for elliptic boundary value problems. Advances in Computational Mathematics, 1998, 9: 69–95.

[85] Chen C S, Karageorghis A, Smyrlis Y S. The Method of Fundamental Solutions –Meshless Method. Southampton: Dynamic Publishers, 2008.

[86] Karageorghis A, Lesnic D, Marin L. A survey of applications of the MFS to inverse problems.

Inverse Problems in Science & Engineering, 2011, 19(3): 1–24.

[87] Yuan D M, Cheng X L. Method of fundamental solutions with an optimal regularization technique for the Cauchy problem of the modified Helmholtz equation. Journal of Computational Analysis & Applications, 2012, 14 (14) : 54–66.

[88] Chen W, Tanaka M. New advances in dual reciprocity and boundary-only RBF methods. Tokyo: In Proceeding of BEM Technique Conference, 2000.

[89] Jin B T, Zheng Y. Boundary knot method for some inverse problems associated with the Helmholtz equation. International Journal for Numerical Methods in Engineering, 2005, 62: 1636–1651.

[90] Jin B T, Chen W. Boundary knot method based on geodesic distance for anisotropic problems. Journal of Computational Physics, 2006, 215: 614–629.

[91] Chen X P, He W X, Jin B T. Symmetric boundary knot method for membrane vibrations under mixed type boundary condition. International Journal of Nonlinear Sciences and Numerical Simulation, 2005,6: 421–424.

[92] Mukherjee Y, Mukherjee S. The boundary node method for potential problems. International Journal for Numerical Methods in Engineering, 1997, 40: 797–815.

[93] Kothnur V, Mukherjee S, Mukherjee Y X. Two-dimensional linear elasticity by the boundary node method. International Journal of Solids and Structures, 1999, 36: 1129–1147.

[94] Chati M K, Mukherjee S. The boundary node method for three-dimensional problems in potential theory. International Journal for Numerical Methods in Engineering, 2000, 47: 1523–1547.

[95] Chati M K, Mukherjee S, Mukherjee Y X. The boundary node method for three-dimensional linear elasticity. International Journal for Numerical Methods in Engineering, 1999, 46: 1163–1184.

[96] Chati M K, Paulino G H, Mukherjee S. The meshless standard and hypersingular boundary node methods - applications to error estimation and adaptivity in three-dimensional problems. International Journal for Numerical Methods in Engineering, 2001, 50: 2233–2269.

[97] Zhang J M, Yao Z H, Li H. A hybrid boundary node method. International journal for numerical methods in engineering, 2002, 53: 751–763.

[98] Miao Y, Wang Y H, Yu F. Development of hybrid boundary node method in two-dimensional elasticity. Engineering Analysis with Boundary Elements, 2005, 29: 703–712.

[99] Zhang J M, Tanaka M, Matsumoto T. Meshless analysis of potential problems in three dimensions with the hybrid boundary node method. International Journal for Numerical Methods in Engineering, 2004, 59: 1147–1160.

[100] Miao Y, Wang Y, Wang Y H. A meshless hybrid boundary-node method for Helmholtz problems. Engineering Analysis with Boundary Elements, 2009, 33: 120–127.

[101] Young D L, Chen K H, Lee C W. Novel meshless method for solving the potential problems with arbitrary domains. Journal of Computational Physics, 2005, 209: 290–321.

[102] Young D L, Chen K H, Lee C W. Singular meshless method using double layer potentials for exterior acoustics. Journal of the Acoustical Society of America, 2006, 119: 96–107.

[103] Song R C, Chen W. An investigation on the regularized meshless method for irregular domain problems. CMES: Computational Methods in Engineering and Sciences, 2009, 42: 59–70.

[104] Chen W, Wang F Z. A method of fundamental solutions without fictitious boundary. Engineering Analysis with Boundary Elements, 2010, 34: 530–532.

[105] Gu Y, Chen W, Zhang C Z. A meshless singular boundary method for three-dimensional elasticity problems. International Journal for Numerical Methods in Engineering, 2016, 107: 109–126.

[106] Chen J T, Chang M H, Chen K H, et al. The boundary collocation method with meshless concept for acoustic eigenanalysis of two-dimensional cavities using radial basis function. Journal of Sound and Vibration, 2002, 257: 667–711.

[107] Chen J T, Chen I L, Chen K H, et al. A meshless method for free vibration of arbitrarily shaped plates with clamped boundaries using radial basis function. Engineering Analysis with Boundary Elements, 2004, 28: 535–545.

[108] Nagarajan A, Lutz E, Mukherjee S. A novel boundary element method for linear elasticity with no numerical integration for 2-D and line integrals for 3-D problems. ASME Journal of Applied Mechanics, 1994, 61: 264–269.

[109] Li G, Aluru N R. Boundary cloud method: a combined scattered point/boundary integral approach for boundary-only analysis. Computer Methods in Applied Mechanics and Engineering, 2002, 191: 2337–2370.

[110] Zhang J M, Qin X Y, Han X, et al. A boundary face method for potential problems in three dimensions. International Journal for Numerical Methods in Engineering, 2009, 80: 320–337.

[111] Sarler B. Desingularised method of double layer fundamental solutions for potential flow problems. In Boundary elements and other mesh reduction methods XXX, Southampton & Boston, 2008.

[112] Katsurada M, Okamoto H. A mathematical study of the charge simulation method. Journal of Mathematical Sciences, The University of Tokyo, 1988, 35: 507–518.

[113] Li X. On convergence of the method of fundamental solutions for solving the Dirichlet problem of Poisson's equation. Advances in Computational Mathematics, 2005, 23: 265–277.

[114] Poullikkas A, Georgiou G, Karageorghis A. Methods of fundamental solutions for harmonic and biharmonic boundary value problems. Computational Mechanics, 1998, 21: 416–423.

[115] Johansson B T, Lesnic D. A method of fundamental solutions for transient heat conduction. Engineering Analysis with Boundary Elements, 2008, 32: 697–703.

[116] Young D L, Jane S J, Fan C M, et al. The method of fundamental solutions for 2D and 3D Stokes problems. Journal of Computational Physics, 2006, 211: 1–8.

[117] Wang F Z, Chen W, Ling L. Combinations of the method of fundamental solutions for general inverse source identification problems. Applied Mathematics and Computation, 2012, 219(3): 1173–1182.

[118] 王福章, 林继. 均质承压含水层稳定渗流的基本解法. 山东理工大学学报, 2014, 28(2): 5–7.

[119] Wang F Z, Zheng K H. The method of fundamental solutions for steady-state groundwater flow problems. Journal of the Chinese Institute of Engineers, 2016, 39(2): 236–242.

[120] 王福章, 郑炳寅, 郑克学, 等. 三维稳定渗流的基本解法计算. 吉林师范大学学报(自然科学版), 2016, 37(4): 80–83.

[121] Wang F Z, Zhang J. New investigations into the MFS for inverse Laplace problems.

International Journal of Innovative Computing, Information and Control, 2016, 12(1): 55–66.

[122] Lin J, Chen W, Wang F Z. A new investigation into regularization techniques for the method of fundamental solutions. Mathematics and Computers in Simulation, 2011, 81: 1144–1152.

[123] Gorzelanczyk P, Kolodziej J A. Some remarks concerning the shape of the source contour with application of the method of fundamental solutions to elastic torsion of prisimatic rods. Engineering Analysis with Boundary Elements, 2008, 32: 64–75.

[124] Chen W, Tanaka M. A meshless, exponential convergence, integration-free, and boundary-only RBF technique. Computers and Mathematics with Applications, 2002, 43: 379–391.

[125] Chen W. Meshfree boundary particle method applied to Helmholtz problems. Engineering Analysis with Boundary Elements, 2002, 26: 577–581.

[126] Chen W, Hon Y C. Numerical convergence of boundary knot method in the analysis of Helmholtz, modified Helmholtz, and convection-diffusion problems. Computer Methods in Applied Mechanics and Engineering, 2003, 192: 1859–1875.

[127] Wang F Z, Zheng K H. Analysis of the boundary knot method for 3D Helmholtz-type problems. Mathematical Problems in Engineering, 2014, 2014: 1–9.

[128] Zheng K H, Ma H W. Combinations of the boundary knot method with analogy equation method for nonlinear problems. CMES: Computer Modeling in Engineering & Sciences, 2012, 87(3): 225–238.

[129] Chen W, He W. A note on radial basis function computing. International Journal of Nonlinear Modelling in Science & Engineering, 2001, 1: 59–65.

[130] Chen W. Symmetric boundary knot method. Engineering Analysis with Boundary Elements, 2002, 26(6): 489–494.

[131] Hon Y C, Chen W. Boundary knot method for 2D and 3D Helmholtz and convection-diffusion problems under complicated geometry. International Journal for Numerical Methods in Engineering, 2003, 56: 1931–1948.

[132] Chen W, Shen L J, Shen Z J, et al. Boundary knot method for Poisson equations. Engineering Analysis with Boundary Elements, 2005, 29: 756–760.

[133] Jin B T, Zheng Y. Boundary knot method for the Cauchy problem associated with the inhomogeneous Helmholtz equation. Engineering Analysis with Boundary Elements, 2005, 29: 925–935.

[134] Zhang Y X, Tan Y J. Solving partial differential equations by BKM combined with DDM. Applied Mathematics and Computation, 2005, 171: 1004–1015.

[135] 邓晓峰. 用边界节点法进行外场声辐射计算的研究. 大连理工大学硕士学位论文, 2007.

[136] Shi J S, Chen W, Wang C Y. Free vibration analysis of arbitrary shaped plates by boundary knot method. Acta Mechanica Solida Sinica, 2009, 22(4): 328–336.

[137] Canelas A, Berardi S. A boundary knot method for harmonic elastic and viscoelastic problems using single-domain approach. Engineering Analysis with Boundary Elements, 2010, 34: 845–855.

[138] Wang F Z, Zhang J. Numerical simulation of acoustic problems with high wavenumbers. Applied Mathematics & Information Sciences, 2015, 9(2): 1–4.

[139] Wang F Z, Ling L, Chen W. Effective condition number for boundary knot method. CMC: Computers, Materials, & Continua, 2009, 12(1): 57–70.

[140] Wang F Z, Chen W, Jiang X R. Investigation of regularized techniques for boundary knot method. International Journal for Numerical Methods in Biomedical Engineering, 2010, 26(12): 1868–1877.

[141] Hansen P C. Analysis of discrete ill-posed problems by means of the L-curve. SIAM Review, 1992, 34(4): 561–580.

[142] Dehghan M, Salehi R. A boundary-only meshless method for numerical solution of the Eikonal equation. Computational Mechanics, 2011, 47(3): 283–294.

[143] Zheng K H, Ma H W. Combinations of the boundary knot method with analogy equation method for nonlinear problems. CMES: Computer Modeling in Engineering & Sciences, 2012, 87(3): 225–238.

[144] Fu Z J, Chen W, Qin Q H. Boundary knot method for heat conduction in nonlinear functionally graded material. Engineering Analysis with Boundary Elements, 2011, 35: 729–734.

[145] Drombosky T W, Meyer A L, Ling L. Applicability of the method of fundamental solutions. Enginnering Analysis with Boundary Elements, 2009, 33: 637–643.

[146] Fornberg B, Larsson E, Wright G. A new class of oscillatory radial basis functions. Computers & Mathematics with Applications, 2006, 51: 1209–1222.

[147] Nardini D, Brebbia C A. A new approach for free vibration analysis using boundary elements// Brebbia C A, ed. In Boundary Element Methods in Engineering. Berlin: Springer: 1982: 312–326.

[148] Alves C J S, Chen C S. A new method of fundamental solutions applied to nonhomogeneous elliptic problems. Advances in Computational Mathematics, 2005, 23(1–2): 125–142.

[149] Alves C J S. Density results for the Helmholtz equation and the method of fundamental solutions// Atluri S N, Brust F W, ed. In Advances in Computational Engineering & Sciences Vol. I. Tech Science Press, 2000 : 45–50.

[150] Chen W. Symmetric boundary knot method. Engineering Analysis with Boundary Elements, 2002, 26(6): 489–494.

[151] Babuska I, Ihlenburg F, Paik E T, et al. A generalized finite element method for solving the Helmholtz equation in two dimensions with minimal pollution. Computer Methods in Applied Mechanics and Engineering, 1995, 128: 325–359.

[152] Thompson L L, Pinsky P M. A Galerkin least squares finite element method for the two-dimensional Helmholtz equation. International Journal for Numerical Methods in Engineering, 1995, 38: 371–397.

[153] Kita E, Kamiya N. Trefftz method: An overview. Advances in Engineering Software, 1995, 24: 3–12.

[154] 王福章. 改进的边界节点法及其在声学中的若干应用. 河海大学工程力学系博士学位论文, 2011.

[155] Cheung Y K, Jin W G, Zienkiewicz O C. Direct solution procedure for solution of harmonic problems using complete, non-singular, Trefftz functions. Communications in Applied Numerical Methods, 1989, 5: 159–169.

[156] Cheung Y K, Jin W G, Zienkiewicz O C. Solution of Helmholtz equation by Trefftz method. International Journal for Numerical Methods in Engineering, 1991, 32: 63–78.

[157] Jin W G, Cheung Y K, Zienkiewicz O C. Trefftz method for Kirchhoff plate bending problems.

International Journal for Numerical Methods in Engineering, 1993, 36: 765–781.

[158] Hochard Ch, Proslier L. A simplified analysis of plate structures using Trefftzfunctions. International Journal for Numerical Methods in Engineering, 1992, 34: 179–195.

[159] Zienkiewicz O C, Kelly D W, Bettess P. The coupling of the finite element method and boundary solution procedures. International Journal for Numerical Methods in Engineering, 1977, 11: 355–357.

[160] Beatson R K, Cherrie J B, Mouat C T. Fast fitting of radial basis functions: Methods based on preconditioned GMRES iteration. Advances in Computational Mathematics, 1999, 11: 253–270.

[161] Kansa E J, Hon Y C. Circumventing the ill-conditioning problem with multiquadratic radial basis functions: applications to elliptic partial differential equations. Computers & Mathematics with Applications, 2000, 39: 123–137.

[162] Wendland H. Piecewise polynomial, positive definite and compactly supported radial basis functions of minimal degree. Advances in Computational Mathematics, 1995, 4: 389–396.

[163] Wu Z M. Compactly supported positive definite radial functions. Advances in Computational Mathematics, 1995, 4: 283–292.

[164] Buhmann M D. Radial basis functions. Acta Numerica, 2000, 9: 1–38.

[165] Zhang Y X, Tan Y J. Solving partial differential equations by BKM combined with DDM. Applied Mathematics and Computation, 2005, 171: 1004–1015.

[166] Chen C S, Cho H A, Golberg M A. Some comments on the ill-conditioning of the method of fundamental solutions. Engineering Analysis with Boundary Elements, 2006, 30: 405–410.

[167] Ramachandran P A. Method of fundamental solutions: Singular value decomposition analysis. Communications in Numerical Methods in Engineering, 2002, 18: 789–801.

[168] Mathe P, Pereverzev S. Optimal discretization of inverse problems in Hilbert scales. Regularization and self-regularization of projection methods. SIAM Journal on Numerical Analysis, 2001, 38: 1999–2021.

[169] Mathe P, Pereverzev S. Regularization of some linear ill-posed problems with discretized random noisy data. Mathematics of Computation, 2006, 75: 1913–1929.

[170] Vainikko E. Robust Additive Schwarz Methods - Parallel Implementations and Applications. Norway: University of Bergen, 1997.

[171] Hansen P C. Regularization tools: A MATLAB package for analysis and solution of discrete ill-posed problems. Numerical Algorithms, 1994, 6: 1–35.

[172] Tikhonov A N, Goncharsky A V, Stepanov V V, et al. Numerical Methods for the Solution of Ill-posed Problems. Boston: Kluwer Academic publishers, 1995.

[173] 金邦梯. 一类椭圆型偏微分方程反问题的无网格方法. 浙江大学硕士学位论文, 2005.

[174] Hanke M. Conjugate Gradient Type Methods for Ill-posed Problems. Longman Scientific & Technical, 1995.

[175] Hansen P C. Analysis of discrete ill-posed problems by means of the L-curve. SIAM Review, 1992, 34: 561–580.

[176] Hanke M. Limitations of the L-curve method in ill-posed problems. BIT, 1996, 36: 287–301.

[177] Vogel C R. Non-convergence of the L-curve regularization parameter selection method. Inverse Problems, 1996, 12: 535–547.

[178] Hansen P C. Rank-deficient and Discrete ill-posed Problems. SIAM: Philadelphia, 1998.

[179] Kaufman L, Neumaier A. Pet regularization by envelope guided conjugate gradients. IEEE Transactions on Medical Imaging, 1996, 15: 385–389.

[180] Castellanos J L, Gomez S, Guerra V. The triangle method for finding the corner of the L-curve. Applied Numerical Mathematics, 2002, 43: 359–373.

[181] Varah J M. Pitfalls in the numerical solution of ill-posed problems. SIAM Journal on Scientific and Statistical Computing, 1983, 4(2): 164–176.

[182] Morozov V A. Methods for Solving Incorrectly Posed Problems. New York: Springer-Verlag, 1984.

[183] Nishimura N. Fast multipole accelerated boundary integral equation methods. Applied Mechanics Reviews, 2002, 55: 299–324.

[184] Zhang J M, Zhuang C, Qin X Y, et al. FMM-accelerated hybrid boundary node method for multi-domain problems. Engineering Analysis with Boundary Elements, 2010, 34: 433–439.

[185] Liu C S. Improving the ill-conditioning of the method of fundamental solutions for 2D Laplace equation. CMES: Computer Modeling in Engineering & Sciences, 2008, 28: 77–94.

[186] Liu C S, Atluri S N. A highly accurate technique for interpolations using very highorder polynomials, and its applications to some ill-posed linear problems. CMES: Computer Modeling in Engineering & Sciences, 2009, 43: 253–276.

[187] Liu C S, Yeih W, Atluri S N. On solving the ill-conditioned system $Ax=b$: Generalpurpose conditioners obtained from the boundary-collocation solution of the Laplace equation, using Trefftz expansions with multiple length scales. CMES: Computer Modeling in Engineering & Sciences, 44: 281–312, 2009.

[188] Chan T F, Foulser D E. Effectively well-conditioned linear systems. SIAM Journal on Scientific Computing, 1988, 9: 693–969.

[189] Christiansen S, Hansen P C. The effective condition number applied to error analysis of certain boundary collocation methods. Journal of Computational and Applied Mathematics, 1994, 54: 15–36.

[190] Li Z C, Huang H T. Effective condition number for simplified hybrid Trefftz methods. Engineering Analysis with Boundary Elements, 2008, 32: 757–769.

[191] Li Z C, Huang H T. Effective condition number of the Hermite finite element methods for biharmonic equations. Applied Numerical Mathematics, 2008, 58(9): 1291–1308.

[192] Drombosky T W, Meyer A L, Ling L. Applicability of the method of fundamental solutions. Engineering Analysis with Boundary Elements, 2009, 33: 637–643.

[193] Hon Y C, Wei T. The method of fundamental solution for solving multidimensional inverse heat conduction problems. CMES: Computer Modeling in Engineering & Sciences, 2005,7: 119–132.

[194] Liu C S. A modified collocation Trefftz method for the inverse Cauchy problem of Laplace equation. Engineering Analysis with Boundary Elements, 2008, 32: 778–785.

[195] Cannon J R. Determination of an unknown heat source from overspecified boundary data. SIAM Journal of Numerical Analysis, 1968, 5: 275–286.

[196] Beck J V, Blackwell B, Clair C R. Inverse Heat Conduction: Ill-posed Problem. New York: Wiley, 1985.

[197] Anger G. On the relationship between mathematics and its applications: A critical analysis by means of inverse problems. Inverse Problems, 1985, 1: 7–11.

[198] Colton D, Kirsch A. A simple method for solving inverse scattering problems in the resonance region. Inverse Problems, 1996, 12: 383–393.

[199] Kurpisz K, Nowak A J. Solving inverse heat transfer problems by BEM – General concepts and recent developments. In Boundary Element Method XVI, 1994.

[200] Hon Y C, Wei T. A fundamental solution method for inverse heat conduction problem. Engineering Analysis with Boundary Elements, 2004, 28: 489–495.

[201] Chen K H, Kao J H, Chen J T, et al. Desingularized meshless method for solving Laplace equation with over-specified boundary conditions using regularization techniques. Computational Mechanics, 2009, 43: 827–837.

[202] Matsumoto T, Tanaka M, Tsukamoto T. Identifications of source distributions using BEM with dual reciprocity method. In Inverse Problems in Engineering Mechanics IV, 2003.

[203] Jin B T, Marin L. The method of fundamental solutions for inverse source problems associated with the steady-state heat conduction. International Journal for Numerical Methods in Engineering, 2007, 69: 1570–1589.

[204] Ling L, Hon Y C, Yamamoto M. Inverse source identification for Poisson equation. Inverse Problems in Science and Engineering, 2005, 13: 433–447.

[205] Kagawa Y, Sun Y H, Matsumoto O. Inverse solution for poisson equations using DRM boundary element models - identification of space charge distribution. Inverse Problems in Engineering, 1995, 1: 247–265.

[206] Badia A El. Inverse source problem in an anisotropic medium by boundary measurements. Inverse Problems, 2005, 21: 1487–1506.

[207] Wen P H, Chen C S. The method of particular solutions for solving scalar wave equations. International Journal for Numerical Methods in Biomedical Engineering, 2011, 26(12): 1878–1889.

[208] Franke R. Scattered data interpolation: tests of some methods. Mathematics of Computation, 1982, 38: 181–200.

[209] Buhmann M D. Radial functions on compact support. Proceedings of the Edinburgh Mathematical Society, 1998, 41: 3–46.

[210] Schclar N A. Anisotropic Analysis Using Boundary Elements. Southampton: Computational Mechanics Publication, 1994.

[211] Kansa E J. Multiquadrics-a scattered data approximation scheme with applications to computational fluid-dynamics. I: surface approximations and partial derivative estimates. Computers and Mathematics with Applications, 1990, 19: 147–161.

[212] Wang J G, Liu G R. On the optimal shape parameters of radial basis functions used for 2-D meshless methods. Computer Methods in Applied Mechanics and Engineering, 2002, 191: 2611–2630.

[213] Li J C, Alexander H D C, Chen C S. A comparison of efficiency and error convergence of multiquadric collocation method and finite element method. Engineering Analysis with Boundary Elements, 2003, 27: 251–257.

[214] 世俊. 超越摄动——同伦分析方法导论. 陈晨, 徐航, 译. 北京: 科学出版社, 2006.

[215] Liu G R, Zhang J, Li H, et al. Radial point interpolation based finite difference method for mechanics problems. International Journal for Numerical Methods in Engineering, 2006, 68: 728–754.

[216] Oden J T. A general theory of finite elements. II. applications. International Journal for Numerical Methods in Engineering, 1969, 1: 247–259.

[217] Bathe K J. The finite element method//Wah B, ed. Encyclopedia of Computer Science and Engineering. J. Wiley and Sons, 2009: 1253–1264.

[218] Katsikadelis J T, Nerantzaki M S. The boundary element method for nonlinear problems. Engineering Analysis with Boundary Elements, 1999, 23: 365–373.

[219] Wang H, Qin Q H, Kang Y L. A meshless model for transient heat conduction in functionally graded materials. Computational Mechanics, 2006, 38: 51–60.

[220] Li X L, Zhu J L. The method of fundamental solutions for nonlinear elliptic problems. Engineering Analysis with Boundary Elements, 2009, 33: 322–329.

[221] Katsikadelis J T, Tsiatas C G. The analog equation method for large deflection analysis of heterogeneous orthotropic membrane: A boundary-only solution. Engineering Analysis with Boundary Elements, 2001, 25: 655–667.

[222] Katsikadelis J T, Nerantzaki M. The ponding problem on membranes. An analog equation solution. Computational Mechanics, 2002, 28: 122–128.

[223] Katsikadelis J T, Tsiatas C G. Nonlinear dynamic analysis of heterogeneous orthotropic membranes. Engineering Analysis with Boundary Elements, 2003, 27: 115–124.

[224] Tsiatas C G, Katsikadelis J T. Large deflection analysis of elastic space membranes. International Journal for Numerical Methods in Engineering, 2006, 65: 264–294.

[225] Chen C S, Rashed Y F. Evaluation of thin plate spline based particular solution for Helmholtz-type operators for the DRM. Mechanics Research Communications, 1998, 25: 195–201.

[226] Tsai C C, Chen C S, Hsu T W. The method of particular solutions for solving axisymmetric polyharmonic and poly-Helmholtz equations. Engineering Analysis with Boundary Elements, 2009, 33: 1396–1402.

[227] Chen C S, Lee S W, Huang C S. The method of particular solutions using Chebyshev polynomial based functions. International Journal of Computational Methods, 2007, 4: 15–32.

[228] Golberg M A, Chen C S. The theory of radial basis functions applied to the BEM for inhomogeneous partial differential equations. Boundary Elements Communications, 1994, 5: 57–61.

[229] Power H, Barraco V. A comparison analysis between unsymmetric and symmetric radial basis function collocation methods for the numerical solution of partial differential equations. Computers and Mathematics with Applications, 2002, 43: 551–583.

[230] Farhat C, Lacour C, Rixen D. Incorporation of linear multipoint constraints in substructure based iterative solvers. Part I: a numerically scalable algorithm. International Journal for Numerical Methods in Engineering, 1998, 43: 997–1016.

[231] Abramowitz M, Stegun I A. Handbook of Mathematical Functions with Formulas, Graphs, and Mathematical Tables. New York: Courier Dover Publications, 1964.

[232] Ling L, Schaback R. Stable and convergent unsymmetric meshless collocation methods. SIAM

Journal on Numerical Analysis, 2008, 46(3): 1097–1115.

[233] Ling L, Schaback R. An improved subspace selection algorithm for meshless collocation methods. International Journal for Numerical Methods in Engineering, 2009, 80(13): 1623–1639.

[234] Fornberg B, Larsson E, Wright G. A new class of oscillatory radial basis functions. Computers & Mathematics with Applications, 2006, 51(8): 1209–1222.

[235] Carlos J S A. On the choice of source points in the method of fundamental solutions. Enginnering Analysis with Boundary Elements, 2009, 33(12): 1348–1361.

[236] Wong K Y, Ling L. Optimality of the method of fundamental solutions. Engineering Analysis with Boundary Elements, 2011, 35(1): 42–46.

[237] Rokhlin V. Rapid solution of integral equations of classical potential theory. Journal of Computational Physics, 1985, 60(2): 187–207.

[238] Greengard L, Rokhlin V. A fast algorithm for particle simulations. Journal of Computational Physics, 1987, 73(2), 325–348.

[239] Greengard L F. The Rapid Evaluation of Potential Fields in Particle Systems. Cambridge: MIT Press, 1988.

[240] Song J M, Chew W C. Fast multipole method solution using parametric geometry. Microwave and Optical Technology Letters, 1994, 7(16): 760–765.

[241] Nishimura N. Fast multipole accelerated boundary integral equation methods. Applied Mechanics Reviews, 2002, 55(4): 299–324.

[242] Gumerov N A, Duraiswami R. A broadband fast multipole accelerated boundary element method for the three dimensional Helmholtz equation. Journal of the Acoustical Society of America , 2009,125 (1): 191–205.

[243] Liu Y J, Li Y X, Huang S. A fast multipole boundary element method for solving two-dimensional thermoelasticity problems. Computational Mechanics, 2014, 54 (3): 821–831.

[244] Gu Y, Gao H W, Chen W, et al. Fast-multipole accelerated singular boundary method for large-scale three-dimensional potential problems. International Journal of Heat & Mass Transfer, 2015, 90: 291–301.

[245] Brigham E O. The Fast Fourier Transform. Englewood Cliffs. New Jersey: Prentice Hall, 1974.

[246] Frank W J O, Daniel W L, Ronald F B, Charles W C. NIST Handbook of Mathematical Functions Paperback and CD-ROM. Cambridge University Press, 2010.

[247] 张耀明, 谷岩, 陈正宗. 位势边界元法中的边界层效应与薄体结构. 力学学报, 2010, 42(2): 219–227.

[248] Zhang Y M, Gu Y, Chen J T. A non-linear transformation applied to boundary layer effect and thin-body effect in BEM for 2D potential problems. Journal of the Chinese Institute of Engineers, 2011, 34(7): 905–916.

[249] Shi J S, Chen W, Wang C Y. Free vibration analysis of arbitrary shaped plates by boundary knot method. Acta Mechanica Solida Sinica, 2009, 22 (4): 328–336.

[250] 周友杰, 刘祥萱, 张有智. 雷达吸波材料研究进展. 飞航导弹, 2007, 10: 59–62.

[251] 张耀明, 谷岩, 袁飞,等. 涂层结构中温度场的边界元解. 固体力学学报, 2011,32(2): 133–141.

[252] 胡宗军, 牛忠荣, 程长征, 等. 薄体结构温度场的高阶边界元分析. 应用数学和力学, 2015,

36 (2): 149–158.

[253] Gu Y, Chen W. Recent advances in singular boundary method for ultra-thin structural problems. Boundary Elements and Other Mesh Reduction Methods XXXVI, 2013, 55: 233–244.

[254] Du F, Lovell M R, Wu T W. Boundary element method analysis of temperature fields in coated cutting tools. International Journal of Solids & Structures, 2001, 38(26–27): 4557–4570.

[255] 程长征, 牛忠荣, 周焕林, 等. 涂层结构中温度场的边界元法分析. 合肥工业大学学报(自然科学版), 2006, 29(3): 326–329.

[256] Luo J F, Liu Y J, Berger E J. Analysis of two-dimensional thin structures (from micro- to nano-scales) using the boundary element method. Computational Mechanics, 1998, 22(5): 404–412.

[257] 张耀明, 谷岩. 二维弹性力学边界元法中薄体结构问题的解析算法. 中国计算力学大会, 2010.

[258] 吕涛, 石济民, 林振宝. 区域分解算法. 北京: 科学出版社, 1999.

[259] Tsai C H, Kolibal J, Li M. The golden section search algorithm for finding a good shape parameter for meshless collocation methods. Engineering Analysis with Boundary Elements, 2010, 34 (8): 738–746.

[260] 李永, 宋健, 张志民. 梯度功能力学. 北京: 清华大学出版社, 2003.

[261] Fu Z J, Chen W, Qin Q H. Boundary knot method for heat conduction in nonlinear functionally graded material. Engineering Analysis with Boundary Elements, 2011, 35: 729–734.

[262] Marin L, Lesnic D. The method of fundamental solutions for nonlinear functionally graded materials. International Journal of Solids and Structures, 2007, 44: 6878–6890.